国家中等职业教育改革发展
示范校核心课程系列教材

植物生产
操作流程

Zhiwu Shengchan Caozuo Liucheng

栾 艳 主编

中国农业大学出版社
CHINA AGRICULTURAL UNIVERSITY PRESS

内 容 简 介

本书打破学科间的界限,以职业岗位标准为基础,贴近岗位工作任务,按照植物的生产规律编写。将中草药、蔬菜、食用菌、花卉、果树五类植物的生产,按照种类划分为 5 个项目,每个项目以生产任务的形式进行编写,共包含 24 个生产任务。任务重点突出生产流程和技术要点,同时也注重了生产时间、季节、环节以及病虫害防治等管理操作的衔接,从而便于学习者理清生产程序,能清楚地知道生产任务怎样操作,什么时候操作,操作到什么尺度。生产者只要严格按照流程操作,就可以完成生产过程并取得良好的经济效益,即使对理论掌握得不够深入,也能够种植成功。本书适用于中职学生和农民朋友使用。

图书在版编目(CIP)数据

植物生产操作流程/栾艳主编. —北京:中国农业大学出版社,2016.3
ISBN 978-7-5655-1496-8

Ⅰ.①植…　Ⅱ.①栾…　Ⅲ.①农业生产-技术操作规程　Ⅳ.①S-65

中国版本图书馆 CIP 数据核字(2016)第 021764 号

书　　名	植物生产操作流程
作　　者	栾　艳　主编

策划编辑	赵　中	责任编辑	韩元凤
封面设计	郑　川	责任校对	王晓凤
出版发行	中国农业大学出版社		
社　　址	北京市海淀区圆明园西路 2 号	邮政编码	100193
电　　话	发行部 010-62818525,8625	读者服务部	010-62732336
	编辑部 010-62732617,2618	出 版 部	010-62733440
网　　址	http://www.cau.edu.cn/caup	E-mail	cbsszs @ cau.edu.cn
经　　销	新华书店		
印　　刷	北京时代华都印刷有限公司		
版　　次	2016 年 3 月第 1 版　2016 年 3 月第 1 次印刷		
规　　格	787×980　16 开本　17 印张　310 千字		
定　　价	33.00 元		

图书如有质量问题本社发行部负责调换

国家中等职业教育改革发展示范校核心课程系列教材建设委员会成员名单

主 任 委 员:赵卫珂

副主任委员:栾　艳　何国新　江凤平　关　红　许学义

委　　　员:(按姓名汉语拼音排序)

边占山　陈　禹　韩凤奎　金英华　李　强

梁丽新　刘景海　刘昱红　孙万库　王昆朋

严文岱　要保新　赵志顺

编 写 人 员

主　编　栾　艳

副主编　金香淑　李　娜　何宏晔

职业教育是"以服务发展为宗旨,以促进就业为导向"的教育,中等职业学校开设的课程是为课程学习者构建通向就业的桥梁。无论是课程设置、专业教学计划制定、教材选择和开发,还是教学方案的设计,都要围绕课程学习者将来就业所必需的职业能力形成这一核心目标,从宏观到微观逐级强化。教材是教学活动的基础,是知识和技能的有效载体,它决定了中等职业学校的办学目标和课程特点。因此,教材选择和开发关系着中等职业学校的学生知识、技能和综合素质的形成质量,同时对中等职业学校端正办学方向、提高师资水平、确保教学质量也显得尤为重要。

2015年国务院颁布的《关于加快发展现代职业教育的决定》提出:"建立专业教学标准和职业标准联动开发机制,推进专业设置、专业课程内容与职业标准相衔接,形成对接紧密、特色鲜明、动态调整的职业教育课程体系"等要求。这对于探索职业教育的规律和特点,推进课程改革和教材建设以及提高教育教学质量,具有重要的指导作用和深远的历史意义。

目前,职业教育课程改革和教材建设从整体上看进展缓慢,特别是在"以促进就业为导向"的办学思想指导下,开发、编写符合学生认知和技能形成规律,体现以应用为主线,符合工作过程系统化逻辑,具有鲜明职教特色的教材等方面还有很大差距。主要是中等职业学校现有部分课程及教材不适应社会对专业技能的需要和学校发展的需求,迫切需要学校自主开发适合学校特点的校本课程,编写具有实用价值的校本教材。

校本教材是学校实施教学改革对教学内容进行研究后开发的教与学的素材,是为了弥补国家规划教材满足不了教学的实际需要而补充的教材。抚顺市农业特产学校经过十多年的改革探索和两年的示范校建设,在课程改革和教材建设上取得了一些成就,特别是示范校建设中的18本校本教材现均已结稿付梓,即将与同行和同学们见面。

本系列教材力求以职业能力培养为主线,以工作过程为导向,以典型工作任务和生产项目为载体,对接行业企业一线的岗位要求与职业标准,用新知识、新技术、新工艺、新方法,来增强教材的实效性。同时还考虑到学生的起点水平,从学生就业够用、创业适用的角度,使知识点及其难度既与学生当前的文化基础相适应,也更利于学生的能力培养、职业素养形成和职业生涯发展。

本套校本教材的正式出版,是学校不断深化人才培养模式和课程体系改革的结果,更是国家示范校建设的一项重要成果。本套校本教材是我们多年来按农时季节、工作程流、工作程序开展教学活动的一次理性升华,也是借鉴国内外职教经验的一次探索,这里面凝聚了各位编审人员的大量心血与智慧。希望该系列校本教材的出版能够补充国家规划教材,有利于学校课程体系建设和提高教学质量,能为全国农业中职学校的教材建设起到积极的引领和示范作用。当然,本系列校本教材涉及的专业较多,编者对现代职教理念的理解不一,难免存在各种各样的问题,希望得到专家的斧正和同行的指点,以便我们改进。

该系列校本教材的正式出版得到了蒋锦标、刘瑞军、苏允平等职教专家的悉心指导,同时,也得到了中国农业大学出版社以及相关行业企业专家和有关兄弟院校的大力支持,在此一并表示感谢!

教材编写委员会

2015 年 8 月

本书是现代农艺技术专业教材之一。目前中职学校教材仍是以学科教学为主,和工作岗位需求差距较大。本书以职业岗位标准为基础,按照植物生产规律编写。将中草药、蔬菜、食用菌、花卉、果树五类植物的生产,按照种类划分为5个项目,每个项目以生产任务的形式进行编写,共包含24个生产任务。任务重点突出生产流程和要点,同时也注重了生产时间、季节、环节以及病虫害防治等管理操作的衔接,从而便于学习者理清生产程序,能清楚地知道生产任务怎样操作,什么时候操作,操作到什么尺度。生产者只要严格按照流程操作,就可以完成生产过程并取得良好的经济效益,即使对理论掌握得不够深入,也能够种植成功。本书在每个项目后都有适量的复习思考题,供学生复习,并安排了部分知识拓展内容,既适用于中职学生学习,也可供农民朋友使用。

本书编写人员分工如下:项目一中任务一、任务二、任务五由栾艳编写,任务三、任务四由栾艳、李娜编写;项目二由栾艳编写;项目三由李娜编写;项目四中任务一由栾艳、何宏晔编写,任务二、任务三由栾艳编写;项目五中任务一、任务三由金香淑、何宏晔编写,任务二、任务四、任务五由金香淑编写。

在本书的编写过程中参考和引用了诸多文献资料,汲取了一些专家和学者的成果和观点,在此表示衷心的感谢。

由于编写任务紧、时间仓促,编写人员的水平有限,书中不妥或疏漏之处在所难免,敬请专家、读者和广大农民朋友赐教和指正。

编　者

2015 年 12 月

目录

项目一　中草药生产

　　中草药生产是我国最具有特色和优势的产业,我国人工种植药材达到200余种,种植面积达2 000余万亩,目前正在向着规模化、规范化、现代化和国际化方向发展。辽宁中草药资源丰富,种类繁多,据中药资源普查结果统计,全省有植物类药材189科1 237种,其中适应辽宁独特的自然气候生长的地道药材有人参、辽五味子、辽细辛、辽贝母等二十几种,且其种植已有相当的基础。

● 知识目标

　　了解各类中草药的基本特征和特性,掌握高产、优质、高效的生产技术措施,熟悉规范化生产的基本知识。

● 能力目标

　　能识别不同类型的中草药;能熟练对当地主要中草药的生育时期进行观察记录,掌握田间管理技术,熟练操作当地主要中草药的播种、育苗、移栽技术;能进行良种生产和种子检验,并能制定中草药生产计划。

任务一　林下参生产

【知识目标】

　　熟悉林下参的生长特点,掌握林下参对种植环境条件的要求。

【能力目标】

　　掌握林下参的生产操作流程,能进行参籽检验、贮藏保管、种子处理、生产管理及病虫害的合理防治。

【知识准备】

1. 参根的生长(表 1-1)

表 1-1 参根的生长变化

时间	播种后根的生长情况
5—7 月	胚根不断伸长,发育成主根,生长速度最快,增粗速度较慢。
8 至 9 月下旬	根粗增长较快,长度生长不断下降。
9—10 月	干物质重量增加较为明显。

参根的生长速度是随年生的增加而逐渐减缓,通常一至六年生的生长速度较快,生长情况详见表 1-2。

表 1-2 年生与参根的生长

年生	参根生长情况
一年生	根长 10~20 cm,根重 0.4~0.8 g,须根数量不多,也不太长。
二年生	5—7 月长度生长较快,8—9 月粗度生长快,干物质积累也多,根长多在 15~20 cm 之间,根重 3~5 g,须根数量增多。
三年生	生长趋势与一至二年生的基本一致,根部伸长生长不明显,主根失去顶端生长优势,所以须根多,须根长度相近,根茎上开始长不定根(即芦)。
四年生	主根生长的长度不明显,主根的粗度逐渐增加,须根多,芦垂直地面生长,生长速度较快。
五六年生	生长趋势与四年生的相似,芦长得较大。
十年以上	生长速度较慢。

2. 种植的环境条件

凡是适宜野山参生长的环境条件,均适宜林下参生长。野生人参多生于以红松为主的针阔混交林或杂木林中。我国野生人参主要分布在长白山、小兴安岭的东南部,即北纬 40°~48°,东经 117°~137°的区域内,此区域内的长白山森林地带,年平均气温 4.2℃,1 月份平均气温 −18℃,7—8 月平均气温 20~21℃,年降水量 800~1 000 mm(7—8 月降水量为 400 mm),无霜期 100~140 天。

林下培育野山参,充分利用森林郁闭度,满足人参生长发育对光照的要求。人参在林下栽培有枯叶覆盖,可减少土壤水分的蒸发,保持土壤湿度,避免雨水为害,调整了地温,减少了病害的发生。

据有经验的采参人介绍:柳树林、杨树、桦树、落叶松以及生有木贼、和尚菜、苔草植物的湿润林下,一般不生人参;在稍湿、生有粗茎鳞毛蕨、猴腿、蹄盖蕨等群落的林下,偶尔也有山参生长;在土壤为棕色森林土(又叫山地灰化土、灰棕壤、暗棕壤),pH 6.0左右,小地形大都是微坡或斜坡,坡度30°左右,林间郁闭度为0.5～0.8的林地常有野山参生长。

【学习内容】

一、形态特征(图 1-1)

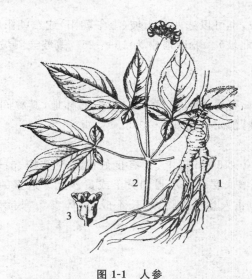

图 1-1　人参

1.根及根部　2.着果的植株　3.花

(引自李家实主编《中药鉴定学》,1996 年)

二、生产操作流程

选地→选种→催芽→播种→定植→田间管理→病虫害防治→采收→贮藏

三、生产操作要点

(一)选地

林下山参应选择无污染林地,实施林下半野生栽培,林地可利用时间不低于15年。用地选择不当,会严重影响生长发育,不仅形体小,产量低,而且病害多,质量差,效益低,还会出现癞痢头(生秃疮)。

1.选择地形地貌

地形选择起伏不平或小范围山坡地的"鸡爪地",林间的岗平地、坡地均可。

2.选择植被

一般选择以柞、椴、色、桦等为主的阔叶林或针阔混交林及天然次生林。林木稀疏高大，林下间生榛、杏条等小灌木，不间生龙芽楤木、空心柳、三棱草、塔头草的为最好；生有杨树、桦树、柳树为主的针阔混交林不宜选用；特别是此类林下又间生空心柳、龙芽楤木、三棱草、塔头草等的地块，栽培林下山参，病害多，保苗率低，经济效益极差。因此，应该选择植被种类完整的原始森林、次生林或二茬林。

3.选择坡向和坡度

一般都选朝阳坡，也可以选西朝阳坡（上午朝阳）或东朝阳坡（下午朝阳），尽量不选用背阳坡（山的北坡）。坡度通常为 15°～25°，微坡或斜坡，排水良好，避开局部涝洼地。

4.选择郁闭度

选择以次生林（长有乔、灌、藤、草、药）为主的林地，其林间郁闭度相应低于原始森林而好于二茬林，郁闭度为 0.6～0.8。

5.选择土壤

表土腐殖质层 10～15 cm 以上，具有良好的团粒结构，pH 5.5～7.0，土壤含水量 30%～40%，土壤底层为保水强的黄土或黄沙土。适宜的土壤，肥力足，湿度适中，疏松透气，能防止人参全体膨大，长不成"灵体参"。禁用黏重土、灰色土、涝洼地、漏风地。

（二）选种

1.品种及类型

选择抗逆性较强的长脖、圆膀圆芦、线芦等，也可选择园参二马牙农家品种。

2.种子的寿命

人参种子在常规条件下，贮存 1 年生活力会降低 10%左右，贮存两年生活力只有不到 5%，贮存 3 年则完全丧失活力。种子寿命的长短与种子的成熟度和贮存条件有关，成熟饱满的种子比不饱满种子的生活力强，阴干种子的生活力高于晒干的种子，伤热种子的生活力低。在高温多湿条件下贮存的种子，寿命偏短。

3.参籽的检验

一般新采收的种子，种壳白色，胚乳色白且新鲜。去掉种壳看种仁时，近胚一端胚乳似油浸状，2/3 的胚乳仍为白色，但不黄，为贮存 1 年的参籽。如果整个种仁油浸状，黄色或淡黄色，则是贮存两年或两年以上的种子，不能作种子用。

4.种子的储藏保管

采收或购进的人参干籽和催芽处理的裂口种子，由于某种原因不能按期播种的，就要储藏保管，待适宜时期再播种。

（1）人参干籽的储藏保管　新采收或购进的种子晾干后,装入麻袋或布袋里,吊在通风良好的仓库或冷库中保管和越冬,不要放进室内和被烟熏,储藏期不能超过两年。

（2）催芽处理裂口籽的保管　催芽处理的裂口种子,秋播时如果来不及播种,就要进行越冬储藏。通常在封冻前选择背阴高燥的场地,挖一个坑窖,周围挖好排水沟,防止雪水浸入窖内,窖底用石头或木头垫起来,将袋子放进窖内,上盖塑料薄膜,培土 30 cm,踏实,待土壤封冻后,再盖上一层锯末或落叶,适量浇水,并用帘子压好,翌春取出播种。

（三）催芽

1. 秋播种室外干籽春发催芽

一般选用上年采收的干种子,催芽时间在 6 月上中旬,最迟不能超过 7 月中旬。

主要有激素处理和层积处理两种方法。

（1）激素处理法　人参种子用浓度为 $50\sim100$ mg/L 的赤霉素、50 mg/L 的 6-苄基嘌呤或 Kt(激动素)浸种 24 h,可加速形态后熟,完成形态后熟的人参种子再用 40 mg/L 的赤霉素处理 24 h,不经低温就可发芽出苗。

（2）层积处理法　人参种子形态后熟时间较长,层积处理是打破休眠常用的方法,具体操作步骤如下:

第一,准备场地。一般在 6 月上旬,选择地势高燥,背风向阳,排水良好的场地,铲平表土,清除杂草后踏实做催芽场地。

第二,准备处理床。在靠近场地的北侧,放置一个木板做成的方框,框高 40 cm、宽 $90\sim100$ cm、长度视种子多少而定。为了保持床内温湿度(变幅小),在框外再套上一个框,内外框间距 15 cm,间距内用细沙或土填实(也可用砖砌成类似大小的床柜)。

第三,准备晒种场地和备料。处理床上框前作晒种场地,与此同时准备好过筛的细腐殖土和细沙(也可以只用细沙),并将部分细土细沙按 2∶1 混合调湿(手把成团),通常要求于 1 m 高自然落地就散即为合格,(以下类同)备用。

第四,床底铺垫。装床前先在床底铺垫 50 cm 左右的过筛细沙,铺垫后装种子。

第五,装床扣网。取种子进行筛选,经水选后用清水浸泡 24 h,浸种后捞出晾干(以种子与沙土混拌不粘黏为度),然后向种子中加入 2 倍量(以体积计算)调好湿度的沙土混匀装床,厚度 20 cm 左右,装后搂平,其上覆盖 10 cm 厚的过筛细沙,床上扣盖铁纱网防鼠害,并插入温湿度计。

第六,架棚和四周挖好排水沟,在西、北两侧的排水沟外架设一防风障。

第七,"一倒二调"的层积管理。

层积处理开始后,要注意调节水分和正常发育,在催芽期间,若管理不善,轻者会造成种子裂口效果不好,重者造成种子霉烂,必须做到"一倒二调"。"一倒"即倒种,催芽期间要定期倒种,使床内上下层的温度和水分一致,通气良好,以利种胚发育。裂口前每隔 10~15 天倒种一次,裂口以后每隔 7~10 天倒种一次;倒种的次数少,裂口不齐,易烂籽;倒种方法为上午将种子从床内取出,放在塑料薄膜上,每隔 30 min 用锹翻倒,并挑出霉烂籽,下午 2 时装入床内;如果沙土过湿,可置弱光下晾一晾,不宜强光暴晒,否则影响出苗率。"二调",即调水和调温。调水就是要经常检查、发现箱内种子层,水分不足可浇水调节,一般在倒种的前一天浇水,浇水量以渗到床内种层 1/3 处为度,次日倒种可使种层水分基本均匀,用腐殖土加沙子催芽处理的土壤水分保持在 30% 左右,用手握时成团,落地散开为适宜,含水量过大易烂籽,过小裂口率低,影响发芽率;调温是指对土壤温度的调节,催芽前期(裂口前)处置时适宜的土壤温度为 18~20℃,后期(裂口后)露白前 13~15℃,当床内温度低时,可揭开棚盖增加日晒,使温度上升,温度高时可盖帘遮阴或置阴凉处,防止温度过高。同时,对架设北高南低的阴棚和排水沟要做管理,防止强光暴晒、雨水落入床中和积水进入床中。

2. 秋播种室外水籽伏催芽

催芽时间在 7 月末至 8 月初,新采收下来的水籽(当年采收并脱去果肉未经晾晒的种子),洗净消毒后稍晾一下,就可以进行催芽处理。此种处理方法必须在播前 100 天(至少 100 天)处理完毕。

催芽前期每隔 3~5 天翻倒一次,进行晾晒,调节水分,保持土壤湿度 30%,土壤温度 18~20℃,催芽后期(9 月中旬),当室外温度低时,揭掉阴棚,可在箱上扣塑料薄膜增温,依靠温度计观测土壤温度。如白天温度过高,可揭开塑料薄膜通风,降温,调水,晚上再加上塑料薄膜。为了防止烂籽,每隔 5~7 天倒种晾晒一次。经过 80~90 天,种子裂口率达 90% 以上,就可以进行秋播籽。

3. 室内催芽

将混合好的沙子和种子,调水后装入木箱内,箱上盖草帘保温,放室内催芽,每 10 天左右翻拌一次,箱中间和靠箱边的种子温度、湿度条件要一致,以保证催芽裂口整齐。催芽前期,箱温度应保持在 20℃ 左右,水分 15% 左右;催芽中期,到 1.5 个月以后,温度逐渐降到 10~12℃;催芽后期,经 3 个月处理,种子裂口可达 80% 时,再放到温度保持在 3℃ 左右的地方,经 10 余天,种子即可完成后熟,进行春播。

4.野外催芽

盛装物为编织袋。将沙土按1:2的比例与参籽拌匀,视袋的大小确定装入量而进行催芽。时间为6月中旬至7月上旬。选择15°以下的林下坡地,在高大粗壮的树后,刨挖一个坑,放入盛装拌种的编织袋,覆土后在其上覆盖薄膜,覆土至少高于坑10 cm以上,坑两侧挖深10~15 cm顺山排水沟。经2~3个月后形态后熟,参籽裂口率达85%~95%以上形成自然催芽,恰逢秋播好季节,但必须于封冻前播完。

未播完的参籽妥善保管,春季可继续播种。春季催芽方法同上,只是催芽期延后,推迟春播时间,且春播时墒情会直接影响到出苗率和保苗率,须采取断根(根芽)的措施。

(四)播种

生产中使用的种子,有水籽(当年采收的种子)、干籽(水籽自然风干后的种子)、催芽籽(经人工催芽处理过的水籽或干籽)。

1.播种时期

(1)春播　春播多在4月中下旬至5月上旬。春季播种经过冷冻贮存后的催芽籽,播后当年春季就出苗。

(2)夏播　又分伏前播和伏播。

伏前播种多在6月上旬进行,6月下旬前播完,播种的是干籽,就是上年8月采收晾干后的种子,不必进行种子处理,播种第二年春出苗。

伏播多在6月下旬至8月上旬进行,播种水籽,播种后也是第二年春季出苗。

应当指出,夏播无论是伏前播还是伏播,都必须适时播种,如果播种过晚,参籽在田间发育不良,至少有部分种胚的形态发育不健全,这样第二年春天的出苗率低,一般仅有40%~70%,余下的种子经形态后熟,推迟到后年才能出苗,由于出苗不齐,先后相差一年,参苗长势不整齐,大小不一,易造成壮苗影响弱苗的发育,大苗影响小苗的发育。在天气暖和(积温高),生育期长的地方(播种后高于15℃的天数不少于80天),可延迟到7月中旬或下旬播种。

(3)秋播　多在10月中下旬进行。播种当年催芽完成形态后熟的种子,播完第二年春出苗。

2.播种方式

林下山参人工栽培属仿生栽培。仿生栽培目前采用两种方式,即林下播参籽(出货为山参)和林下移栽参苗(出货为充山参)。

(1)林下播参籽栽培　可在选好的林地,春、秋两季播干籽或夏季播水籽;或是在春、秋两季已经催过芽的参籽,经过催芽处理的种子可比干籽提早一年出苗。

播种方式有三种：

①在林内用镐开6～8 cm长的条穴，每穴播种子2粒，穴距20 cm左右。

②用镐开穴，穴开得不要过大，穴距100 cm，每穴5粒种子，种子之间要保持一定距离，播籽深度3 cm，穴周围的树须根、草根、草皮尽量不要破坏。如若于播籽前把穴内土整理均匀，抚平，然后开槽3cm左右，在种子的下面铺上薄石片(或碎瓦片)，石片以5分硬币大小为宜，则人参出苗后，横长身形，形成"横灵体"状；没有小石片的地方也可用纯黄土捏成的小黄泥片放在种子下面，然后覆盖上拌好的喧土，覆盖土要高于地表，防止播种穴土沉实后形成洼地积水烂参，然后在覆土上再覆盖3～4 cm厚的树叶。此外，参籽播种前进行催芽断根可以培育出"横灵体"状的林下山参，在播种的前一天，将出芽的参籽，放在室内(常温)24 h，要把出根芽的参籽的芽尖掐掉，利于出苗后长出理想的参形。

③用木棒扎眼播种，播种工具可用制式木棍也可选择一端分岔的树枝。制式木棍为T形棍，横梁长15 cm，上圆下平，立柱长45 cm，棍粗2～5 cm，一端削成尖状，利于播入泥中作穴眼，横梁与立柱连接处不做卯榫，用钉子将横梁中部与立柱顶部钉牢组合，即可成为一个下端为尖状的T形小拐棍；带分岔的树枝，粗细长短与制式T形棍相仿，下端也削成尖状，分岔两端锯成等高(5 cm左右)并修光滑，不磨手或不刮手。播种时以每8～10人为一组，人与人间隔1.5 m，由山脚下，横山走向一字排开，由下至上播种。每个播种人员用小布袋盛装参籽150 g，用T形棍的横梁或叉形木棍的双叉往下山坡扒除残枝、枯叶，形成一个宽20 cm，长10～15 m的露出有机质表层的播种带，用T形棍立柱或叉形棍尖端在清理出的带状中扎穴眼，穴深4～5 cm，穴距20 cm，行距为50 cm。在每个穴眼内放入经催芽断根的种子1～2粒，踢土踏实，手握立柱，用T形棍的横梁或叉形棍的双叉，将枯叶拨回原处覆盖于穴眼之上。

(2)林下移栽参苗栽培　从2年或3年生园参小苗中挑选圆膀长芦、类似横灵体，支根八字形，须根清晰的参苗，移栽到林下，经过7～10年后可形成类似山参形态的人参。

移栽时间。在10月中旬或春季到立夏之前较适宜。但春季移栽时间短，出苗率高，因此要在秋季就把参苗选好，集中移栽于林地中，要随季节气温逐渐升高，掌握住参苗芽苞萌动时机适时移栽。

移栽方法。移栽前开直径10～12 cm的圆穴，穴深10 cm左右，拌上活黄土，摊平穴面，移栽时把穴土开6 cm深小沟，放一块能托人参苗主体的薄石片(碎瓦片也可)或纯黄土饼，将参置于其上，摆好再覆盖一层活黄土，再用拌匀的黑黄土(黑黄土比例为4∶6)覆盖上，厚度高于原地面5 cm，防止穴土沉实后形成小坑积水烂参。盖土后再覆盖上 5～6 cm 厚的树叶。

3.播种量

由于人参种子千粒重为 15～35 g,每人每天播种量为 150～200 g,即 10 000～57 000 粒,约每平方米 15 穴,每亩(以 666.7 m² 计算)9 990 穴,每穴 2～3 粒种粒,即为 19 980～29 970 粒,推算每日工可播种 1.5～2 亩地。根据欲播种面积,做好购种及催芽等前期准备工作。

(五)林下参的管理与看护

1.林下参管理

每年生长期可适当喷施高效、低毒的杀虫剂和杀菌剂,预防病虫害的发生,增强林下参的抗逆性。在盛夏期,在种植区内个别地方林冠稀,出现光照强,可将周围相邻的树冠枝叶,用绳子互拉来调节强光。郁闭度超过 0.9 以上,可将林下冠丛枝杈略加清理,使其得到适当的光照。

2.看护

林下参基地要封山、封沟管理。有条件的地方可在周围设铁丝网,一年四季禁止外人进入和牲畜入内。不得随意割柴和砍伐林木。设专人看护。立法保护林下参经营者的合法权益。

(六)采收

1.种子的采收

(1)采种时期　每年的 8 月上中旬,人参果实由绿色变成鲜红(黄)色时,为最佳时期。

(2)采种方法　用剪刀从花梗 1/3 处剪断,红、黄果要分开采、分开收。如花序上的果实尚未完全成熟,则应分 2 次采收。采种时要将好果和病果区分开,做到分别采收、分别处理。

脱出种粒。将采下的参果装入搓粒机脱去果肉,也可装入布袋用手搓至果肉与种子完全分离,再投入清水中反复漂洗,漂去果肉和瘪粒,再用清水洗净后,晾干或阴干,不得在强光下暴晒。

2.参根的采收

收获年限:15 年以上。

收获时期:采收时间在果实成熟后至封冻前,7 月下旬至 8 月中旬为最佳。

采收方法:用移植铲挖,要有一定深度,以不伤根断须为度。

3.运输

人参挖出后,抖净泥土并立即用纸箱装好,避免风吹日晒,小心搬运,安全运输到加工场所。

（七）加工

1. 鲜品的加工

可用齿长为 3～5 cm 的毛刷或柔软的牙刷，在干净的凉水中进行刷洗，将芦、膀、体、须四大部分上的泥土等污物刷净，但注意用力不宜过大，切不可将皮刷破，也不可将珍珠疙瘩刷掉。芦下要用手揉，然后用清水冲洗干净，在阳光下晾干。

2. 冻干品的加工

可采用真空冷冻干燥脱水。将整形后的鲜参从冷库取出装盘后，放入低温真空干燥机进行低温冷冻，经 2～3 h，当温度达到 −15～−20℃ 时，参根被冷冻定形。完成冻干全过程需经 30～40 h，参根即可达到干燥要求（含水量降至 13％ 以下）。

3. 干货的加工

将晾好的人参，用夹子夹在芦上 1.5 cm 的秧上，将之吊挂在干燥箱内，将温度控制在 50～60℃，可先 50℃ 下干燥 0.5 h 左右，打开排气孔排潮，再升温至 55℃ 干燥 1 h，再排潮，继续升温至 60℃ 达 0.5 h 再排一次潮，直至完全干燥为止。干燥后的人参含水量≤12％。

任务二　五味子生产

【知识目标】

了解五味子的生物学特性，熟悉五味子的生育周期和物候期，掌握五味子对种植环境条件的要求。

【能力目标】

掌握五味子的生产操作流程，能进行贮藏保管、处理种子，会进行土地整理、定植、生产管理及病虫害的合理防治。

【知识准备】

1. 生长发育期

五味子在一年的生长中分两个时期，即生长期和休眠期。生长期从春季萌动到秋季落叶止；休眠期从落叶到翌年芽萌动止。

当 10 cm 土层内土温达到 5℃ 时，根系开始活动，能吸收水分开始生长。在辽宁地区 3 月下旬芽开始萌动;4 月初开始露绿;5 月中下旬为开花期;5 月下旬至 7 月下旬为新梢生长高峰期;弱树 7 月下旬有的封顶;6 月下旬至 7 月中旬为第二次新梢生长高峰期。

在生长高峰期,控制营养生长有利营养积累、花芽分化、增加雌花形成数量,也是增加产量不可缺少的技术措施。

2. 种子的生物学特性

五味子种子的种皮坚硬光滑,皮下具有油层,不容易透水、透气。自然成熟的种子,种胚细小,具有后熟性。去除果肉的种子寿命比较短,一般室温下干贮 2 个月就完全丧失生命力;带果肉的种子贮存一年后发芽率仍然很高。

通常情况下,五味子种子的空粒率极高,充分成熟饱满的种子仅占种子总数的 4.5%~8.5%。据报道,成熟种子有两种颜色,一种颜色比较深呈暗红色,成熟度较高,但是发芽较困难;另一种呈橘红色,发芽较容易,发芽率高。

五味子种胚后熟要求低温、湿润条件,时间需 50~70 天,方能完成后熟。自然成熟脱去果皮的种子在室内干燥条件下存放 6~7 个月发芽率均低于 70%,而未脱去果皮的种子在同样条件下发芽率仍很高,因此脱去果皮的种子寿命较未脱去果皮的种子寿命短,所以在储藏种子时,最好是带果皮贮藏。

五味子种子具有较强的休眠特性,休眠期长达 160 天,种子收获后在适宜的温度和湿度条件下储存 60 天后,胚的形态基本成熟。

3. 开花结果习性

(1)开花习性 五味子实生苗 3 年开始开花结果,以后年年开花结实。一般在 5 月中旬至 5 月下旬开花,花期 15 天左右,每朵花开花时间(花朵初期展开至凋萎)可以持续 4~7 天。

五味子花的雌雄比例是变化的,受植株年龄大小,长势强弱,营养状况和光照的影响。实生苗第一次开花时,多为雄性花,以后雌性花增多。生育期内光照条件好、光合作用强、生长势强、营养状况好,开雌花多结果多,否则雌花少结果少。

(2)结果习性 五味子的结果枝可分为三种,即短结果枝、中结果枝和长结果枝。短结果枝长度多在 10 cm 以内,节间短,开花少或者只开雄花;中结果枝着生在枝(蔓)条的中部,长 10~50 cm;长结果枝着生在枝(蔓)条的顶端,长 50 cm 以上。

中结果枝、长结果枝一般雌花较多,开花能力强,是主要结果枝。据调查,短结果枝的结果率为 6%,中、长结果枝结果率高达 94%。此外,每年夏季从五味子地下茎可发出数量较多的基生枝,在条件适宜时,它们也可少量开花结果。但多数枝条,由于生长不良,枝条细弱,不能开花结果,分散母株营养。因此应该剪除,以保证养分的供应。五味子结果枝的枝龄不同,结果能力也不同,以2年生结果枝结果最多,3~4年生结果枝很少。

4.种植的环境条件

(1)气候条件　从五味子的自然分布地区看,年平均气温2.6~8.6℃,1月份平均气温-9.3~23.5℃,无霜期在115天以上,降雨量300~1 000 mm,雨量多集中在6—8月份,不小于10℃年活动积温2 300℃以上,没有严重的晚霜,可以选择作五味子栽培的园地。可见在东北各省均可栽培。枝蔓可抗-40℃低温,早春日均温度5℃即可萌动,适宜温度25~28℃有利生长。

(2)地势与土壤条件　野生五味子分布在背阴坡林带边缘及疏林地,光照好,土壤较肥沃,排水良好,而且湿度均衡。人工栽培可选择15°以下缓坡及地下水位在1 m以下平地,要求土壤微酸性,透气性好,保水性及排水良好的壤土、沙壤土栽培为好。不适于涝洼地和盐碱地栽植。如土质较差、瘠薄沙土,需加大投肥力度,也可栽植。

(3)水源条件　五味子比较耐旱,但五味子是浅根系,对水要求迫切。因此五味子需充足的水源,满足一年内多次灌水的要求,才能获得高产优质。并要求水源不能污染,是生产绿色五味子须具备条件之一。

(4)光照　五味子对环境的适应性较强,是一种喜湿润,喜光耐阴植物。幼苗生长前期需要一定光照和湿润环境,怕强光照射;长出5~6片真叶以后逐渐需要充足的光照。成龄植株在营养生长时期需要比较充足光照,到开花结实时期需要更多光照和通风透光条件。

5.生育周期及物候期

(1)生育周期　五味子的年生长周期是由种子培育的实生苗,第1年生长高达8~12 cm,很少侧枝,地下根系良好,须根多,而无地下匍匐茎。第2年生长高达20~40 cm,分生出3~6条地上蔓,根系发达,庞大,有2~4条匍匐茎;第3年高80~150 cm,少量开花,多为雄性花,根部萌发出基生蔓;第4年高150~200 cm,雄花增多为6~9倍,开始出现少量雌性花;第5年少量结果,第6~7年进入盛果期,产量急增。以中、下部结果为主;第8~9年,结果部上移,下部出现棵秃;第10年结实力下降,须用基生枝蔓更新。

(2)物候期　五味子3月中旬芽苞开始萌动,4月初进入树液流动期,4月下旬至5月初萌芽,5月上中旬展叶,展叶后新梢即开始生长。花期6月上中旬,7月下旬至8月初果实着色,9月中下旬果实成熟。11月上中旬进入落叶期。

【学习内容】

一、形态特征(图 1-2)

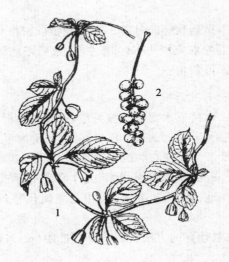

图 1-2　五味子

1.花枝　2.果序

(引自李家实主编《中药鉴定学》,1996 年)

二、生产操作流程

建园→整地→埋柱、拉线→选种→种子处理→播种育苗→定植→栽后管理→丰产管理→病虫害防治→采收→产地加工

三、生产操作要点

(一)建园

新建五味子园,根据其对气候、土质、水源、光照等要求条件选择好园地。同时又要符合《中药材生产质量管理规范》(GAP)的要求。

根据园地面积的大小和地形,规划好道路、排水及灌水的设施,以长方形有利于作业。小区面积 13 340～20 000 m² 为宜,便于作业。纵横均设有作业道路,小区每 100 m 左右中间留作业道,道宽 2.5～3 m 有利于作业,垄向南北为好。大面积要考虑机耕作业,即打药、灌水等。单独地段栽植距大田作物要远一些,以防大田喷除草剂,给五味子造成药害。

（二）整地

秋季整地，深度 30 cm 左右，特别是上茬用除草剂的地段更需要深翻以免因除草剂对苗不利。

在翻耙好的土地上，做到秋施肥打垄。平地栽植以密植单臂立架为主，即行距 1.2～1.5 m，每亩施入腐熟农家肥 4 000 kg 左右，施肥耙地后再合成大垄，秋栽或春栽时再将垄背搂平，即可栽植。

（三）埋柱、拉线

在栽苗前先埋好柱（木柱或水泥柱），拉好线，避免栽苗时，损伤苗木，也可栽后当年埋杆拉线。水泥柱用 8～10 cm 或 10～12 cm 直径均可以，高度在 2.6 m，埋入地下 50 cm，高于地面 2.1 m 左右。拉两道铁线，可用 10 号线，第一道线距地面 70 cm，第二道线和柱上端持平，两道线便于立竹竿或木杆、领蔓。如果没有竹竿可拉 3 道线，最低一层离地面 10 cm 左右，可用尼龙绳代替竹竿，降低成本。柱间距为 6～7 m。

每亩用水泥柱的数量计算的方法：667 m^2÷［柱距（m）×行距（m）］

（四）选种

目前人工栽培五味子的主要品种有：风选 1 号（中熟品种）、风选 2 号（中、晚熟品种）、风选 3 号（晚熟品种）、风选 4 号（早熟品种）。

（五）种子处理

以立即埋藏法最佳。

1. 立即埋藏法

当年秋季采收的果实，用温水（30～40℃）浸泡，待果皮变软，搓掉果肉，漂去秕籽和杂质，按 1：（3～4）的比例将种子和洁净的细河沙混拌，沙子湿度 30%（用手握成团不滴水）为宜。视种子多少装入木箱、花盆或编织袋内，埋入地势高燥的地方，一般挖 50 cm 深坑，其长度和宽度因种子多少而定，上盖 20～30 cm 土，高出地面防止积水侵入即可。第二年春天，当气温升高，有 30% 左右种子裂口，可将种子取出。这种处理在时间上不能少于 120 天。

2. 用水浸泡法

去掉果肉、秕粒、杂质等物，将种子阴干后，待 11—12 月，用清水浸泡 3～4 天，视种仁充分吸水即可，要求每天换一次清水。用上述的方法与沙子混拌，装入木箱或编织袋内，埋藏高燥地方即可。贮存时间 80～90 天。可完成休眠期。

3. 室内处理

如果种子购得晚，可以室内处理。需浸种 7～10 天，且每天换一次水，用上述混沙法将种子拌好,装入木箱等容器内,放 5～15℃ 条件下,保持湿度,沙贮 60～70 天,待种子裂口可播种。

(六)播种育苗

一般采用露地直播育苗。

1. 整地作床

选择平地肥沃的沙壤土或壤土,水源方便,排水良好,土质疏松的地段作为苗圃。选好地段后耙地,同时亩施入农家肥 3 000～4 000 kg,要深翻 25～30 cm,并要细耙。

在早春化冻后可先作好床,床高 15～20 cm,宽 100～120 cm,长因地段而定,一般 10～15 cm 长,床面要搂平。

2. 催芽

催芽后再播种。播前 10～15 天,将冻贮的种子取出后,筛出沙子或连同沙子,放 15～20℃ 室内催芽,15～20 天,种子裂口 50% 左右即可播种。

3. 播种

秋播。在上冻前进行条播,行距 20～25 cm,沟深 2～3 cm,踩好底格,将鲜种子均匀撒在沟内(不需催芽处理),覆细土 2 cm 左右,用木磙或平板镇压,浇透水,而后用稻草或玉米秸,最好用旧的草帘也可用塑料薄膜覆盖,即可越冬,每平方米播种量为 150 g 左右,每亩播种量 6～7.5 kg,每千克种子粒数在 4 万粒左右(千粒重在 24 g 以下),每亩可育一级苗 5 万～6 万株。

春播。4 月中下旬(春播需催芽),播种方法同上,播后覆稻草或稻壳,浇透水,保持湿润。不论春播或秋播为防治立枯病,喷洒 50% 多菌灵 500～600 倍液,防止立枯病的发生。

4. 苗期管理

秋播后要进行覆盖,以防种子风干。4 月上旬撤掉覆盖物,保持土壤湿度。

春播要及时撤覆盖物及搭棚遮阴。播种 20～30 天可逐渐出苗,当出苗 60% 左右时,逐渐撤掉草,撤草后立即搭棚遮阴,遮阴高度在 1 m 左右,可用遮阳网,简单易行。当苗长到高 6～8 cm 时,一般在 7 月撤遮阳网,选阴天撤为好或下午撤网,高温天气可适当晚撤,避免日烧苗。

保持苗床湿润。及时浇水,随时除草、松土。6 月下旬追一次肥,二铵混尿素各半,条施深度 6～7 cm,覆土、浇水。每亩施肥量 5～7.5 kg,生长到 7 月中下旬苗木生长不好可再追一次肥,以复合肥为主,每亩 10～15 kg。

注意防治立枯病和白粉病,在湿度大、低温条件下易得立枯病,可选多菌灵、立枯灵丹等药物喷布。在干旱、高温条件下易得白粉病,用粉锈宁或思科效果为好。

浓度按药说明加水倍数、次数,病重 10～15 天一次,喷 2～3 次,最好用药不能重复,轮换用药,以防产生抗药性。

当苗长到 40 cm 时,在 8 月份要进行摘心,促使枝蔓成熟。

（七）定植

1.定植时间

可以秋栽（上冻前）或春栽,以秋栽为好,可减少缓苗期,有利于生长。春栽于土壤融化到栽植深度 20～30 cm 时即可进行。辽东以 3 月下旬至 4 月上旬栽,早栽比晚栽利于保墒和成活。

2.栽植技术

苗木选择。最好是就地苗,边起苗边栽植为最好,如果是外地苗或秋季起的苗,含水量不足时,用清水浸泡根部 12～24 h,使苗木充分吸水后再栽,栽时剪除过长和扭伤的根系。（五味子苗木分为二级:一级,根颈 0.5 cm 以上,茎长 20 cm 以上,根长 20～25 cm,芽眼饱满,无病虫害和机械损伤;二级,根颈 0.35 cm 以上,茎长 15～20 cm,根长 15～20 cm,芽眼饱满,无病虫害和机械损伤;根颈直径 0.30 cm 以下,茎长 15 cm 以下,根长 10 cm 以下的为等外苗,不能做生产用苗）。

栽植方法。株行距（0.5～0.6 m）×（1.2～1.5 m）。每亩栽植株数计算方法,667 m² ÷（行距 m×株距 m）,如行距 1.4 m,株距 0.5 m,每亩栽植株数为 667 m² ÷（1.4 m×0.5 m）=953 株。按株距挖穴 20～30 cm 深,将苗木直立放入穴内,根要疏散开,覆土根茎部,提苗后灌足水。为了催苗,每亩用 5 kg 二铵（最好栽时不用化肥,以免烧苗）放入栽植穴边,绝不能接触到根部,以防烧苗,水渗后再覆土,利于保墒,成活后使地茎与地面平,不能过深或过浅。如果底肥充足可不用追二铵。不论秋栽或春栽,栽后定干即留 3～6 cm 高,留芽 3～4 个,用土培上,以保持水分,待萌动时去掉土堆,利于苗生长。有条件地区,特别是北部地温低,可覆盖黑地膜,有利于提高地温,促苗生长,既能保持水分,又能防杂草。

（八）栽后管理

1.土壤管理

要保持土壤疏松、湿润,由于小苗根系浅,干旱一定要浇水,及时除草,对缓苗和促苗生长十分有利。

2.追肥

苗期应催苗快长,栽后第二年可结果,有条件的可追两次肥。第一次追肥在苗成活后,于 5 月下旬追一次尿素,每亩 10 kg 左右（也可用二铵和尿素各 5 kg）,在一侧或中间距苗 20～25 cm 开沟施入,以防烧苗,有利催苗;第二次追肥在 7 月中旬,施入一次复合肥,每亩用量 10～12.5 kg,在上次施肥的对面挖沟施入,每次施肥后,必浇水。

3.秋施肥

时间在 8 月下旬至 9 月,须结合灌水,才能发挥肥效。施肥要根据土壤的肥力和氮磷钾的含量决定施肥数量或种类,切忌盲目施肥。

4.苗木管理

不论长势如何,当年均要立棍(木棍和竹竿均可),每个棍(竿),每株只能保留 2 个好的枝(蔓),引导到杆上,以顺时针缠绕向上生长。因此当年发出的多余枝,及时抹掉,避免和留下的枝争夺营养。到立秋后,所有的延长蔓都要摘心,充实枝(蔓)利于过冬。

(九)丰产管理

1.地下管理

(1)土壤管理　五味子根系多数分布在 20～40 cm 处,土壤板结和低洼地透气性不良,不利根系生长,板结的要增施有机肥,改良土壤结构,增加透气性,低洼地不适宜五味子栽植。如果低洼地排水好,可起高垄才能有利根系生长。

(2)施肥　每亩可施入农家肥 3 000～4 000 kg,在行间的一侧开沟 30 cm 左右,施入后覆土、培垄。如果是农家肥质量较差,含氮量低,每亩可混入 7.5 kg 的尿素。以增加当年吸收氮肥,贮备早春利用。

如果没有秋施肥或没加入尿素的,早春追一次化肥,4 月中旬至 5 月上旬,每亩施入尿素 10～12.5 kg。第二次追肥 6 月下旬至 7 月上旬,以复合肥为好,每亩施入 10 kg 左右,两侧开沟 20 cm 左右,两次施肥沟分开施入,覆土灌水。

在 7 月份前进行叶面追肥,结合喷药每次加 0.3％～0.5％尿素,7 月中旬后加 0.3％～0.5％磷酸二氢钾。

如果早秋施入充足的农家肥,混入化肥,早春可不用施肥。每次施肥都要结合灌水。

(3)灌水

萌芽前灌水:早春干旱,灌催芽水利于萌芽,促使新梢萌发快长。

开花前灌水:有利新梢生长和提高坐果率。

开花后灌水:有利增加产量,提高坐果和果实膨大。

果实膨大期灌水:6—7 月,已进入雨季如果干旱也应灌水,不仅有利果实膨大,也有利花芽分化。

2.地上部管理

(1)及时除萌芽和横走茎　除萌芽是指从主蔓 30 cm 以下的萌芽,及时去掉,节省营养供主蔓生长。

横走茎是指在土壤表面从横走茎上萌发的新梢,也应及时去掉,避免和主蔓竞争营养,是项长期工作,随时随地去掉。如果主蔓生长不好或缺株处也可萌发新梢作为更新主蔓和补空用。

(2)架面管理 五味子提倡落叶后秋剪,不适宜冬剪,更不适宜春剪。

秋剪的方法:

1年生树的修剪。是对一根条的修剪法,即当年栽植长到1～2个条(蔓),其长短不等,方法也不一致,长到1.5～2.0 m的,只能剪去上端不能成熟的枝条,长到50～70 cm时,要定干到饱满芽处,高度30～50 cm(图1-3)。

2年生树的修剪。主要是对结果母蔓修剪(即有分枝树修剪),通过合理修剪,使结果母枝分配合理,结果母枝(蔓),间距20～30 cm,剪留长30～40 cm发挥每个枝结果能力,使结果和生长保持相均衡,确保连年丰产、优质(图1-4)。

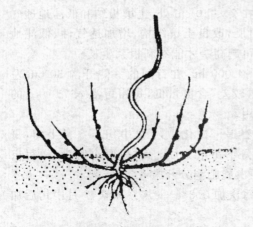

图1-3 五味子基生枝修剪

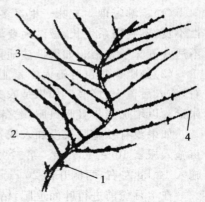

图1-4 五味子果枝修剪
1.剪去短果枝 2、3.剪去
过密枝 4.掐尖

3年生树的修剪。保留强壮枝(蔓)结果,引蔓补空,在附近有空株的部位,利用上下横铁线将强壮结果枝(蔓)拉平在铁线上;两株间斜拉强壮枝,强壮枝的剪留长度一般为0.5～1 m。

对顶端混乱树的修剪。疏掉过细、过密枝,保留强壮枝;强壮枝剪留6～12个芽,长度30～40 cm,间距20～30 cm。

秋剪的具体剪法是:叶丛枝成花多为雄花,对这类枝可以不剪,作为授粉用,过密可以疏除;短果枝有一定雌花,也有雄花,而中、长果枝雌花较多,是主要结果部位；对中、长结果母枝剪留长度，按枝的生长强弱而定，弱枝 0.2 cm 粗以下，剪留 2～3 个芽，有利发新梢，比较弱剪留 5～7 个芽(中梢修剪)，强枝(0.3 cm 粗以上)剪留 8～10 个芽(为长梢修剪)，剪留长度以芽饱满程度、雌花多少而定；如果结果母枝少，可剪留 15 个芽，以增加结果部位，提高产量；各枝间距应保留 15～20 cm，距地面 30 cm 以下，不留枝，对病弱枝可疏除。

夏剪的方法：

摘心。对延长蔓摘心，是指定干的苗，当年中心能发新梢，引其直立生长，当年发育的新梢有的上满架，有的长到 80 cm 左右，一般在 8 月下旬至 9 月上旬摘心，以保新蔓充实越冬；下部芽萌发，长到 40 cm 摘心，有的也能成花；对新发的新梢(侧分枝)，即在主蔓上发的新梢，不论是结果蔓和发育蔓的新梢均要摘心，特别是结果蔓，坐果后立即摘心，有利于提高坐果率，长度在 40 cm 左右；发育蔓 6 月初看长势也要摘心，长度在 40～50 cm。如发出二次梢，长到 30～40 cm 时也同样摘心。

疏枝。对过密的新梢或太弱梢可疏除，保持 20～30 cm 间距，保持通风透光良好。

(十)病虫害防治

苗期病害有立枯病、猝倒病等；根部病害主要是根腐病，造成死株现象；危害果实的有炭疽病，直接造成产量损失；危害叶片的有叶枯病、白粉病、褐斑病、黑斑病、炭疽病、白锈病、锈病(南五味子)等，主要造成当年叶片枯死而提早落叶，致使五味子长势衰弱，产量降低并影响越冬及第二年产量。

生理性病害常见的有日灼病、霜害、缺铁症等，往往大面积均匀发生。

在五味子生产上造成严重损失的病虫害主要是根腐病、叶枯病及卷叶虫等。

1. 根腐病

于 5 月上旬至 8 月上旬发病，为害根部，染病后，植株地上部枝叶凋萎，基部叶片褪绿发黄，随后整株叶片变黄，几天后植株死亡。

防治方法：选择地势高燥、排水良好的土地种植；移栽前将选好的种苗根茎部浸入 97％恶霉灵可湿性粉剂 4 000～5 000 倍液中进行消毒杀菌；及时清沟排水，防止积水致病；发病期用 50％多菌灵 500～1 000 倍液根际浇灌。

2. 叶枯病

于 5 月下旬至 7 月上旬发病，为害叶片。发病植株从基部叶片开始发病，逐渐向上蔓延，病部颜色由褐色变成黄褐色，病叶干枯破裂而脱落，果实萎蔫皱缩。

防治方法：发病初期用 50％托布津 1 000 倍液和 3％井冈霉素 50 mL/L 液交替喷雾。喷药次数可视病情而定。在管理上，注意枝蔓的合理分布，适当增加磷、钾肥的比例,以提高植株的抗病力;萌芽前清理病枝叶集中烧毁或深埋,全园喷布1次5度石硫合剂。为防治立枯病和其他土壤传染性病害,在播种覆土后,结合浇水,喷施800~1 000倍50%代森铵水剂。

3.卷叶虫

幼虫危害,造成卷叶,影响果实生长,甚至脱落。

防治方法:用50%辛硫磷1 500倍液,或50%的磷胺1 500倍液,或40%乐果1 000倍液或80%敌百虫1 500倍液喷洒。

(十一)采收

五味子采收早、晚,直接影响营养成分含量和商品性,采收过早,不仅色泽差,营养和药用成分降低;采收晚易脱落,影响经济效益。因五味子分早、中、晚熟品种,成熟期不同,采收时期也不能一致,一般采收时间8月下旬至9月下旬。适宜的采收期视五味子成熟度,成熟的五味子果实,果色由红变紫红色,由硬变软,具有弹性,完全成熟采收为最佳。采收时最好不带露水,轻放筐内,不要把叶片和其他杂物放果筐内。

(十二)产地加工

采收的五味子,须晾晒,自然晾晒一般15天左右可以晾干。不能选用油漆路面晾晒,可用平坦的土地或水泥地面,铺席晾晒。也可烘干,采用热风隧道式烘干机,物料温度控制在55℃以下,半干时降到40℃左右,八分干时放外晾晒,干后去掉果柄及黑粒等杂物。可包装在无毒的塑料袋内,封口出售或备用。

任务三　细 辛 生 产

【知识目标】

熟悉细辛的生长特点,掌握细辛对种植环境条件的要求。

【能力目标】

掌握细辛的生产操作流程,能进行贮藏保管、种子处理、生产管理及病虫害的合理防治。

【知识准备】

1.生长环境

细辛种子在20~24℃条件下,湿度适宜,46~57天完成形态后熟。在1~

21℃萌发生根,生根后的细辛种子在4℃条件下放置50天后给予适宜条件就可萌发。田间细辛在地温8℃开始萌动,10～12℃时出苗,17℃开始开花,休眠期能耐-40℃严寒。高温季节生长缓慢。如气温超过35℃,叶片变黄、枯萎,常提早回苗。

细辛是阴性植物,6月中旬前不怕自然强光直接照射,6月下旬至9月中旬适宜荫蔽度为50%～60%,如烈日长时间照射,易灼伤叶片,以致全株死亡。据产地观察,生育期间适宜的光照越充足,植株生长越繁茂,开花株数所占百分比越高。

喜肥沃、质地疏松、湿润、排水良好的土壤。适宜生长在阴凉湿润、富含腐殖质的背阴坡或稀疏针阔混交林、阔叶林下,特别是山林下或灌木丛间、山间阴湿的草丛中。

增施磷肥,不仅植株健壮,而且种子千粒重能提高15%～20%。增施氮肥后,叶色浓绿,生长期延长,种子千粒重可提高10%左右。

2.种子生物学特性

细辛种子寿命短。必须采用当年采收不超过1个月的种子,且播期不宜迟于7月末。采种后应立即播种,发芽率可达90%以上;如果在自然条件下干燥贮藏1个月再播,发芽率为70%左右;2个月再播即全部霉烂,丧失发芽能力。如不能及时播种者或需长途运输可用湿沙埋藏(1份种子拌3～5份河沙)贮存,湿沙保存1～2个月后发芽率仍在90%以上。在4℃、密闭、干燥条件下,贮存260天的种子,其发芽率为75%。

胚具有休眠性特性。自然成熟脱落的种子,其胚尚未完全成熟,播种后条件适宜也不能萌发,一般播种后需50～60天才能裂口,如果沙藏后保持在19℃条件下,30天就能裂口,在地温20～24℃,土壤含水量为30%～35%,通气良好时46～57天就能完成后熟露出胚根。胚根伸长突破种皮后,由于上胚轴具有休眠特性,还需在0～5℃条件下处理约50天方可解除休眠,此时种子在适宜条件下即可出苗。

3.芽苞的形成与休眠

细辛的越冬芽,每年都在7—8月间形成。芽内虽然分化完备,具有翌年地上的各个器官,但当年不出土,即使给予适宜的生长条件(结冻前移入温室内栽培),也不能出土,需要经过一个冬季的低温条件后方可出土,说明越冬芽具有休眠特性。有试验表明:用赤霉素对越冬芽进行处理后2～3天开始萌动,7～8天幼苗出土,10～15天展叶,13～29天陆续开花。

4.生长发育

细辛生活周期较长,而且生长也较为缓慢,通常从播种到新种子形成需5～6

年的时间,以后年年开花结实。

通常于6—7月播种,胚根在土壤中伸长,当年胚芽不萌发出土,以幼根在土壤中越冬。翌春出苗,只有两片小子叶,2～4年只长出一片真叶,第5年以后,多数为两片真叶,开始开花结实。细辛出苗期为4月,花期为5月中下旬,果期5月下旬至6月中旬,地上部分枯萎在9月下旬,随之进入休眠。

【学习内容】

一、形态特征(图1-5)

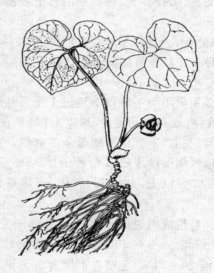

图1-5   细辛
(引自李家实主编《中药鉴定学》,1996年)

二、生产操作流程

土地准备→繁殖(播种移栽→苗期管理→育苗移栽)→定植→田间管理→病虫害防治→采收与加工

三、生产操作要点

(一)土地准备

细辛的栽培可选在有机质含量高,不积水,方便管理和看护的地段。以稀疏林地、灌木丛或有阴棚设置的参后地、园田地为佳。

林地选定后就要间伐过密的树林,使树木透光度为50%左右,除去树根及杂草,翻地,耕深15～20 cm;农田地同样需翻地,耕深15～20 cm;老参地要把起过人参的参床重新整平、耙细、搂出杂草。生地整地后,根据土壤肥力情况施入基肥,一般每平方米施腐熟猪粪40 kg,过磷酸钙0.25 kg。

结合整地做畦对土地进行消毒,做畦前用5%辛硫磷粉剂30 g/m² 或70%敌克松20 g/m² 均匀拌入土壤中,然后做床。一般床宽1.2 m,床高15～20 cm,长度可以根据地形而定,床面要求平整,床间距50～80 cm。细辛栽培育苗畦床和移栽畦床规格一致,老参地也可利用原来的参床。

（二）繁殖

1. 播种

（1）种子采收与处理　6月中下旬,当果实由红紫色变为粉白色,手捏果肉发软,种子呈黄褐色时随熟随采,否则种子自然脱落,造成损失。采摘的果实应在阴凉处放置2～3天,待果皮变软成粉状,即可搓去果皮果肉,用水将种子冲洗出来,控干水或在阴凉处晾干,就可趁鲜播种。不能及时播种的种子,必须拌埋于湿润细粉沙中保存,且不可风干或裸露久放,也不能放在水里保存,否则影响出苗率。必须注意,采用湿粉沙保存种子,也必须在8月上旬播种完毕,否则细辛种子裂口生根后,再进行播种,既不便播种,又不利于细辛的发育。

（2）播种方法　细辛种子采收后应趁鲜播种,其干籽不易出苗,且随着干放时间的延长,发芽能力逐渐降低。此法适用于种子来源充足的情况下,小苗生长3～4年后,直接收获入药。不仅繁殖系数大,而且节省大量供药用的根茎。试验证明,鲜种子的发芽率可达96%,干放60天的种子发芽率降为2%,所以适时播种是提高发芽率和保证全苗的关键。一般播种于6月下旬至7月上旬进行,最迟不要超过8月上旬,否则影响长根。播种的具体方法如下:

撒播。此法适合在参后地及土质疏松肥沃的林下地播种。在床面上挖3～5 cm的浅槽,用筛过的细腐殖土把槽底铺平,然后播种。播种时,应将种子混拌上5～10倍的细沙或腐殖土,均匀撒播。而后再用过筛腐殖土覆盖,厚度0.5～1 cm,要求覆土均匀一致。覆土后床面上再覆盖一层落叶或草,以保持土壤水分,防止床面板结和雨水冲刷。

条播。在整好的畦面上横床开沟,行距10 cm,沟宽5～6 cm,沟深3～5 cm,沟底整平并稍压实,在沟内播种。种子间距离2 cm,覆土0.5～1 cm,最后覆盖一层落叶或草保湿,翌春出苗前撤去覆盖物。此法适用于园田地育苗,种子较集中,易拱土出苗,便于松土除草,但产苗数量少。

穴播。穴播法是在畦面上刨埯播种,行距 9～12 cm,穴距 6 cm,每穴播 7～10 粒种子,覆土 2 cm,其用种量接近条播法。

整果播。整果播法是在畦面上刨埯将整果播下,行距 9～12 cm,埯距 8～10 cm,播后覆土 2 cm。整果播法浪费种子,每帘需种 700 g,每亩用种 21 kg。

其中穴播和整果播种法,顶土能力强,适合较板结土壤,但出苗密集在一起影响生长,根易扭结在一起,不易移栽,一般不采用。

(3)苗期管理

浇水。细辛播种后,当年只长根不出苗。虽然床面有覆盖物,有一定的保湿作用,但遇干旱时,床土发干,要及时浇水,保持床内湿度适宜。另外,每年雨季要挖好排水沟,防止田间积水。

覆盖。翌年春天在 4 月初未出苗前,撤除覆盖物,使畦面通风透光,提高地温,促进出苗。如遇春旱,可晚一点撤除覆盖物,或撤除后再喷壶浇水,以助出苗。

除草。播后第二年,细辛小苗生长较弱,全年只有两片叶,因此必须加强田间管理,经常松土除草。但细辛多采用撒播,不能锄草,所以每年应视杂草情况及时拔除。

追肥与越冬。人工栽培时,除播种前施足基肥外,从生长的第三年开始,每年应追肥一次。另外在越冬前有条件的地方可盖上一层猪圈粪,以利防寒保墒,又起到追肥作用。在林外育苗可用带叶树枝或旧参帘等搭棚遮阴。

2.育苗移栽

细辛是多年生植物,生育周期较长,为了合理开发和生产,多数地方采用育苗移栽的方式,即先播种育苗 3 年,然后移栽,移栽后生长 3 年收获加工。

(1)育苗　选用新采下饱满的细辛种子,用 50% 的多菌灵粉剂均匀拌种,进行种子消毒,用药量为种子量的 0.3%,消毒后的种子用湿沙混匀(按 1：5 比例),在 6 月末至 7 月中旬间进行播种。播种方法一般采用条播和撒播,方法与直播方法相同,只是播量大,种子间距为 1 cm,到第三年秋起收移栽。

(2)移栽　移栽细辛的时间一般分春秋两季,即 5 月上中旬和 10 月上中旬进行。春栽在芽苞尚未萌动前,秋栽在越冬芽形成后进行,以秋栽为好。细辛移栽的方法如下:

育苗移栽法。严格挑选无病、无伤、粗壮、芽苞饱满、紫红色、根长 10～15 cm 苗作为种栽。起苗时带少许土,以利成活。种栽按鲜重分大苗(>5 g)、中苗(>4 g)、小苗(>2 g)三级。移栽采用条栽方式,开宽 20 cm、深 10 cm 的沟、沟内按 8～10 cm 株距摆苗,大、中苗单株,小苗 2～3 株并栽,行距 20 cm。栽植时,细辛苗根须舒展,呈扇形摆开,覆土至沟深 2/3 处,适当提苗,以防须根弯曲,适当踏实后灌水,待水不沉后再覆土封垄。春天移栽,应在芽苞未萌动前进行。如果移栽过晚,细辛出苗或展叶时进行,需要大量浇水,并需要较长时间缓苗,影响细辛生长发育。

根茎先端移栽法。由于细辛种苗不足,许多药农把起收作货的细辛根茎先端连同须根取下作播种材料,一般根茎长 2～3 cm;其上有须根 10 条左右,芽苞 1～2 个。栽法同上。

3.分株繁殖

选择根茎长、芽苞多的野生细辛根茎,每隔 1～2 个芽苞带 5～10 条须根切成一段做一株种栽用,按株行距 5 cm×20 cm 进行移栽。家植的细辛为扩大繁殖系数也可采用分株繁殖方式来扩大栽种面积。

(三)定植

在生长季节进行定植,定植后要在叶子下面垫上稻草,防止叶片被土壤表面高温灼伤使叶片干枯、腐烂。细辛苗叶片一旦干枯,当年不能发生新叶,就会造成整株因不出叶而死亡,出现缺苗断垄。

(四)田间管理

1.搭棚遮阳

目前遮阳的方法有 2 种,一种是用木杆搭架,上面铺玉米秆。架与畦面等宽、等长,高 80 cm。另一种是用钢丝或竹片做拱架,间隔 2 m,上面覆盖黑色塑料遮阳网。遮阳网和玉米秆的透光率要随季节和细辛苗龄的大小进行调整。定植后第 1～2 年苗龄小、郁闭度差,因此透光率以 40% 为宜,定植 3 年以后,苗龄大、郁闭度高,透光率要适当大一些,以 50% 为宜。为增加早晚散射光的照射,用塑料遮阳网的,要在底角留出 20～30 cm 不遮盖。老参地栽培细辛可采用旧参棚遮阳。

2.松土除草

栽培细辛应及时做到松土除草,严防草荒欺苗。全年要进行 2～3 次松土除草,应保证田间无杂草。另外松土后要把松过土的苗床上的苗根部培严土。

3.施肥灌水

施肥是细辛"速生高产"的重要途径,多数地区认为在培土时可进行两次施肥,分别于 5 月中旬、7 月中旬进行,以施入发酵的熟猪粪和磷酸二铵为佳,熟猪粪每公顷施入量 7.5 t,磷酸二铵 150～225 kg,多于行间开沟追施。

4.越冬管理

秋季结冻前,当细辛叶片干枯以后,即可撤下遮阳网,结合秋施肥,上"盖头粪"1～2 cm,进行培土防寒。或是在床面上追施1～2 cm厚的腐熟落叶,既追肥又有覆土保水,保护越冬的效果。

(五)病虫害防治

1.菌核病

菌核病多发生在细辛直播田。

防治方法:可用50%多菌灵1 000倍液,叶面喷2～3次,严重地块可向根际浇灌50%多菌灵500倍液,或是在春季细辛发芽前往床面喷洒1%硫酸铜进行防治。

2.叶枯病

叶枯病多发生在成年植株上,也是近年来东北细辛产区普遍发生的一种病害,有调查结果显示,病田率100%,病情指数30%～100%,损失率50%～70%,重病田7月上旬地上部叶片全部枯死。

防治方法:用50%速克灵1 500～2 000倍液和50%扑海因1 000倍液。早春细辛芽苞出土后即开始喷施第一次药,5—6月是病害流行的盛发期,应喷施3～5次,间隔10～15天,7～8月因高温抑制病情发展,可少喷或不喷药,这两种进口杀菌剂低毒安全,对细辛无任何药害。另外还可用500倍代森铵于5～6月病害流行的盛发期每10 d喷施1次,喷2～3次。

3.虫害

细辛的虫害有小地老虎,细辛凤蝶的幼虫——黑毛虫。黑毛虫主要咬食叶片;地老虎咬食芽苞,截断叶柄及根茎。

防治方法:每亩用2.5%敌百虫粉1～1.5 kg撒施,也可用1 000倍的可湿性敌百虫液喷雾。

(六)采收加工

1.采收

种子直播细辛,一般播后3～5年收获入药;育苗移栽地块,多在移栽后第3～4年收获入药。近年来各地为了采种,收获年限延至栽后5年左右起收。每年收获期以8—9月为宜,必须在叶子未变黄之前收获,此时收获产量高、质量好。采收方法:用特制的四齿叉子挖出全草,除净泥土,不可用水洗和放在阳光下晒。

2.加工

细辛采收后,去净泥土,每10株扎一把,吊起,阴干。不得用水洗,水洗后叶片变黑,根变白;不得日晒,日晒后叶子发黄,影响质量。

任务四 黄 芪 生 产

【知识目标】

熟悉黄芪的生长特点,掌握黄芪对种植环境条件的要求。

【能力目标】

掌握黄芪的生产操作流程,能进行贮藏保管、种子处理、生产管理及病虫害的合理防治。

【知识准备】

1.生长环境

黄芪为典型的多年生旱生草本植物。喜凉爽、光照充足环境,怕水涝和土壤黏重,适宜生长在高原草地、山地或是野生于草原干燥向阳的坡地。其中荚膜黄芪多生长在东北的稀疏开阔的林中空地和山谷冲积地,土地要求土层深厚,有机质多、透水力强的中性或微碱性沙质土壤。

2.生物学特性

(1)黄芪根的特性 黄芪根与土壤水分的关系:黄芪根对土壤水分要求比较严格。一、二年生的黄芪幼根在水分较多的情况下仍可生长良好,两年以上的黄芪根已深入地下,根的贮藏和抗旱能力逐渐增强,对水分的要求逐渐降低,如果水分过多易发生烂根现象,在栽培时应选择土壤渗透性好的地块。

黄芪根对土壤的要求:黄芪根对土壤的适应性很强,但黄芪的产量和品质与土质的颜色、质地、土层厚度都有密切的关系。

土壤质地:土质过黏,根生长缓慢、形成鸡爪芪或畸形;土质过沙,根组织木质化程度高,粉质少。

土壤颜色:生于黑钙色的土壤里根皮呈白色;生于沙质土壤中,根呈微黄和淡褐色。

土层厚度:生于土层较薄的土壤中,主根较短,支根较粗而多,俗称"鸡爪芪";生于土层较厚的沙壤土或冲积土中,黄芪根直立生长,俗称"鞭杆芪",产量最高、品质最好。

（2）黄芪种子的特性　黄芪的种子有硬实现象，即种子的种皮失去了透性，即使在外界环境适宜的条件下也不能萌发。黄芪种子的硬实率为40%～80%，硬实现象与成熟度、采种期有密切关系。种子采收年限低（3～4年）或种子刚刚变褐色时采收，硬实发生率低；若种子采收年限高，成熟度高，种子表面黑色并带斑点时，则为硬实。

（3）生长发育特性　黄芪药用根的成熟阶段需要几个生育循环，从播种到采收新种子的生育过程可分为：幼苗生长、孕蕾开花、结果种熟、枯萎越冬、返青五个时期。

幼苗生长期：从子叶出土到花芽形成前的时期。黄芪种子吸水膨胀后，地温5～8℃就能发芽，但以25℃发芽最快，仅需3～4天。生产上多在春天地温5～8℃时播种，播后12～15天就可出苗；也有在伏天地温达20～25℃时播种，播后5～6天就可出苗。土壤水分以18%～24%对出苗最有利。所以如何保证种子完成吸胀过程和土壤适宜的湿度是黄芪出苗的关键。黄芪幼苗生长期较长，一般播种后头一年黄芪多不开花，均为幼苗生长期。当幼苗出土后，小苗五出复叶出现前，根系还没发育完全，最怕干旱、强光和旱风吹。当小苗五出复叶出现后，根瘤形成，根显著增多，根系的水分、养分供应能力增强，光合作用增大，幼苗生长速度显著加快。

孕蕾开花期：从叶腋花芽形成到果实出现之前的时期。二年生以上植株一般6月初在叶腋中出现花芽，逐渐膨大，花梗抽出，花蕾形成。7月初花蕾开放，蕾期30天左右，花期20～25天。孕蕾开花对黄芪根部营养物质积累不利，如果在不采种的情况下，可考虑摘除。

结果期：从小花凋谢至果实成熟的时期。一年生黄芪9月为果期；二年生以上黄芪每年7月进入结果期，果期约为30天。

枯萎越冬期：地上部枯萎至第二年返青前。一般在9月下旬叶片开始变黄，地上部枯萎，地下部根头越冬芽已形成。本期180～190天。黄芪抗寒力颇强，不加任何覆盖即可越冬。

返青期：越冬芽萌发出土即为本期。春天当地温回升到5～10℃时（一般在4月末至5月初）开始返青，先生出丛生芽，然后才分化出茎、枝、叶，形成新的植株。返青初期生长速度比较慢，若水分不足，温度过低，则返青期延迟，所以加强返青期的管理满足返青期的水分、温度要求是十分必要的。

【学习内容】

一、形态特征(图 1-6)

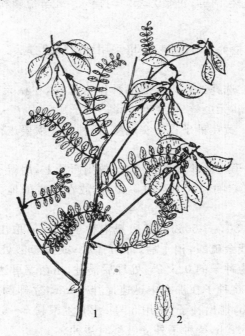

图 1-6 黄芪

1. 果枝   2. 小叶片

(引自李家实主编《中药鉴定学》,1996 年)

二、生产操作流程

选地→整地→繁殖→田间管理→采种→病虫害防治→采收与加工

三、生产操作要点

(一)选地

黄芪可种植在山地或是平地。平地种植应选择地势较高、土层深厚肥沃、排水良好、渗水力强的冲积土或是沙质土壤;山地应选择山区或半山区土质肥沃、土层深厚、渗水力强沙质土壤的向阳地。

(二)整地

细致整地是黄芪出苗、保苗,提高药用根品质产量的重要措施。因黄芪是深根性植物,所以必须深翻,一般不能浅于 30 cm,翻后及时整平、打垄,垄距 50～60 cm。清出地内残根、残草,每公顷施厩肥和堆肥 30～45 t,过磷酸钙 375～450 kg,而后对土壤进行消毒,每平方米均匀拌入 5％辛硫磷粉剂 30 g。

（三）繁殖

大面积栽培以直播为主;小面积栽培采用育苗移栽方法。

1. 种子直播

（1）种子的选择　选择 3 年以上的品种作为母株,在秋天种子成熟、变褐时立即采收,选出颗粒饱满、无虫蛀、褐色有光泽的种子用于生产。

（2）种子的处理　黄芪种子有硬实现象,播种前必须要进行种子处理。常用的种子处理的方法如下:

机械损伤。将种子与粗沙等体积混合,放到碾子上,用碾子碾至划破种皮而不损伤种仁为止。在 20℃的温水中浸泡一天,摊放在温暖的地方,5 天左右发芽,即可播种。

硫酸处理。可用 30％～50％的硫酸浸泡种子 3 min,取出后迅速于流水下冲洗半小时,洗去表面残余硫酸,稍干后,即可播种;或在硫酸处理后用 50％多菌灵粉剂拌均匀(用药量为种子的 0.3％),处理后播种,出苗率可达到 90％左右。

水温变换浸种。将种子在沸水中迅速搅拌 1 min,立即倒入冷水中,待水温冷却至 40℃,再浸泡 2 h,捞出种子,再用 5 号 ABT 生根粉 3～5 μg/g 溶液浸泡 2～4 h,装入湿布袋内闷 12 h,待种子外皮破裂时播种。

（3）播种时期　黄芪种子在春、夏、近冬均可播种,春播一般在 4 月下旬或是 5 月上旬,地温稳定在 5～8℃时即可播种。春播应注意适期早种抢墒播种,播后 15 天左右可出苗。夏播在雨季来时即可播种,这时水分充足、气温高,7 天左右即可出苗。近冬播种在地温稳定在 0～5℃时即可播种,应注意适期晚播,以保证种子不出苗,处于休眠状态越冬(如播种较早,种子萌动,易被冻死)。近冬播种可以充分利用冬春的水分,提早出苗躲过早春,但由于适期不易掌握,气温有回升就会使一些种子萌动发芽,使其出苗率降低,所以应适当增大播种量。

（4）播种方法　主要采用穴播、条播两种方法,因穴播保墒好,覆土一致,镇压适度,有利于种子萌发,多选用穴播法。

穴播。多按 20～25 cm 穴距用锄开穴,每穴下种 3～10 粒。覆土 1.5～2 cm 用脚踩平。播后再用木碾子镇压保墒。

条播。先开沟后踩底格子,以 25 cm 行距开沟,沟深 5 cm,将种子播于沟内,覆土 1.5～2 cm,然后用木碾子压一遍,每公顷下种量为 30～37.5 kg。

（5）黄芪的间作　黄芪也可与油菜、亚麻或谷子等一起播种,黄芪幼苗细弱,这些植物生长快,可以为黄芪提供遮阴,待黄芪出全苗后,结合一次除草将伴生植物拔去。

2.育苗移栽

移栽后植株生长健壮,商品质量好,产量较直播高30%～50%,还可以节约用地,近年在生产上逐渐增多。移栽时多采用育苗1年,起收后平栽,栽后1～2年采收。因为3～4年生黄芪根入土较深,起收时费工费力,故多不采用。

(1)育苗 育苗田的选地、整地要求与直播田相同。播种可采用撒播或条播,条播时行距15 cm左右,每亩用种量为2 kg。

(2)移栽 移栽可在秋末和初春进行。秋末移栽要在当年播种,10月上中旬进行,初春移栽可在次年4月末5月初越冬芽未萌动前进行。要求边起边栽,起苗时要选择根长、粗壮、无病害的优质苗移栽,要深挖,保证根长不小于40 cm为宜。移栽时按行距40～50 cm开沟,沟深10～15 cm,将根顺放于沟内,株距15～20 cm,摆好后覆土、踩实,浇透水。

(四)田间管理

1.松土除草

黄芪苗出齐后,即苗高4～6 cm时,应及时进行第一次除草,防止由于除草不及时、发生草荒现象。除草时以浅除为主,除草过深,土壤透风干旱,常造成小苗死亡。当苗高7～8 cm时,也可第二次除草定苗,定苗后再进行第三次中耕除草。

2.间苗定苗

黄芪小苗对不良环境抵抗力弱,不宜过早间苗,一般在苗高6～10 cm,五出复叶出现后进行疏苗,当苗高15～20 cm时,按21～33 cm株距进行定苗,穴播每穴留1～2株。

3.水肥管理

实验证明,黄芪追肥对其加速生长有重要作用。在定苗后可追施氮肥和磷肥,每亩施硫铵5 kg,过磷酸钙5 kg,可加速生长提高产量。有的在花后每亩追肥过磷酸钙5 kg,对于提高结实率和种子饱满度有良好效果。

黄芪在出苗期和返青期需水较多,有条件的地区可在播种后或返青前进行灌水。生长三年以上的黄芪抗旱性强,抗洪涝性甚差,所以雨季应注意排水,以防烂根。

4.夏剪

在7月底以前打顶,可控制黄芪植株生长的高度,减少地上部分养分的消耗,加大根部养分存量,达到增产的效果。

（五）采种

因一年生黄芪种子多不成熟，二年生黄芪种子多不饱满，黄芪的采种工作多在第三年进行。对生长一、二年的黄芪或三年以上的黄芪不采种者应做摘除花蕾的处理。

黄芪开花不齐，种熟不一致，应适时分期采收。荚果下垂，果皮变白、果内种子呈黑褐色时即可采收。如采收过晚，不仅硬实率高，而且荚果容易开裂造成不必要的损失。在人力不足时，也可在果熟50％整株割取，割后晒干脱粒。

（六）病虫害防治

1.病害

白粉病。危害叶片及荚果，发病后叶片两面及荚果表面初生白色粉状斑，病害蔓延迅速。在高温高湿条件下易发生。发病初期用0.3～0.5波美度石硫合剂或120倍波尔多液喷施，也可用70％甲基托布津800倍液或50％多菌灵600倍液喷雾，7～10天喷一次，连续喷3～4次即可。收获后清洁田园，集中烧毁，实行轮作，切忌与豆科作物连作。

紫纹羽病。主要危害根部，病斑初呈褐色，最后呈紫褐色，并逐渐由外向内腐烂。加强栽培管理，进行土壤消毒。每亩施石灰100 kg以中和土壤酸性，防病效果良好。发现病株立即清除销毁，并在病穴施石灰消毒。

锈病。主要危害叶片，氮肥过多、湿度过大利于发病。可用25％粉锈宁600～800倍液、62.25％仙生600倍液喷施，彻底清除田间病残体。

2.虫害

虫害有食心虫、蚜虫、豆荚螟等。可用40％乐果乳油1 000倍液喷雾防治。

（七）采收与加工

1.采收

黄芪播种后2～3年即可采收，生长3年的质量最佳，年头过久易黑心不能入药。

春、秋两季均可采收，春季从土壤解冻后到出苗前，秋季从收获到落叶结冻为止，以秋季采收质量较好。

2.加工

收获后，趁鲜切下芦头，去掉须根。置烈日下晒或烘干至六七成时，将根理直，捆成小把，再晒至全干，放通风干燥处贮藏。

任务五　平贝母生产

【知识目标】

　　熟悉贝母的生长特点,掌握贝母对种植环境条件的要求。

【能力目标】

　　掌握贝母的生产操作流程,能进行贮藏保管、种子处理、生产管理及病虫害的合理防治。

【知识准备】

　　1.贝母的种类与分布

　　贝母为百合科植物,我国贝母商品大体可分为浙贝、川贝、炉贝、伊贝、平贝等五大类。浙贝主产浙江;川贝、炉贝主产四川、云南、西藏、青海;伊贝主产新疆;平贝主产吉林省东部山区通化、柳河、白山、靖宇、抚松、延边,黑龙江省五常、尚志,辽宁省桓仁、新宾、清原、本溪、宽甸等地。

　　2.平贝母生物学特性

　　(1)生育期短　平贝母为早春植物,生育期短。3月下旬至4月上旬出苗,5月下旬至6月上旬枯萎,生育期只有60天左右。

　　(2)抗寒性　平贝母可在-30～-40℃的严寒下越冬,早春化冻出土,地温在2～4℃抽茎,迎着霜冻春雪生长,抗寒性非常强。

　　(3)夏眠特性　夏季喜湿润冷凉不耐高温酷暑,6月初开始倒苗枯萎,气温达到28℃以上,鳞茎所在土层(7～15 cm)温度达到20℃以上时,其已完成一个生育过程,地上部分已开始枯萎,地下鳞茎进入休眠状态,因而需要种植遮阴作物,创造凉爽湿润条件。

　　(4)秋季生长与冬眠　8月下旬以后随着气温下降,鳞茎重新开始活动,越冬芽、子贝开始生长,9月中旬新根突破鳞片生出,至结冻前越冬芽可高出鳞茎平面1～1.5 cm长,花芽分化已经完成,但不经过0℃以下的低温处理是不能出土的,因为茎轴有休眠特性,即使是在温室里也仅能生出丛叶,开花也只是在土面上,不能抽茎,如果能用药剂或低温打破茎轴休眠期,才有可能进行二季作。

　　(5)鳞茎更新特性　平贝母鳞茎生长比较特殊,既不是鳞片数目的增多,也不是原鳞茎的加厚长大,而是鳞茎年年更新。新鳞茎的长大取决于老鳞茎的大小和生长环境。在疏松肥沃湿润的环境下,鳞茎可以逐年长大,反之大的鳞茎将逐年变小。

(6)无性繁殖能力强   平贝母的一个大鳞茎可形成30~50个小鳞茎,所以子贝是平贝母生产常用的繁殖材料。也可进行种子繁殖,平贝母的每个蒴果可产60~120粒种子,在种栽(小鳞茎)不足的情况下可以进行种子繁殖,但用种子繁殖速度较慢,一年生只有一片针状叶,二年生只有一片长披针叶,三年生有一片宽叶,第四、五年抽茎长出4~9片叶称"四平头",第一年可开花结实的为"灯笼杆"阶段。

(7)种子有胚后熟现象和上胚轴休眠特性   平贝母的种子呈扇形或钝三角形,长3~4 mm,厚度不足1 mm,刚收下的种子先端钝尖处仅有一未分化的胚原细胞。当温度达3~4℃时,胚原细胞开始发育;当温度为13~18℃时胚原细胞迅速分化,形成线形胚;当超过18℃则发育延缓;当超过28℃胚便停止发育。由胚原细胞发育完全成为胚需60~80天,称为"后熟期"。

当线形种胚充满种子后,胚根从种子尖端种孔伸出,胚根长成初生根,当年秋季不能出土;经过0℃以下低温冷冻后来年春天方能出土。

由于平贝母种子有胚后熟和上胚轴低温休眠特性,因此,采种后立即处理或稍晾后即播种,否则放置一段时间就会丧失发芽力。

3. 物候期

平贝母的出苗期为3月下旬至4月上旬;展叶期为4月上中旬;叶生长期为4月中下旬;花期为5月上旬;果期为5月中下旬;枯萎期5月下旬至6月上旬;夏眠期为6月下旬至8月上旬;越冬芽和子贝生长期为8月下旬至10月下旬。

【学习内容】

一、形态特征(图1-7)

二、生产操作流程

选地→整地作畦→种子繁殖→栽种→田间管理→病虫害防治→采收与加工

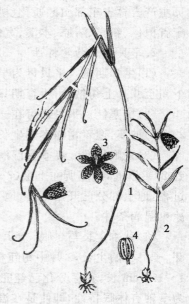

图1-7 贝母

1、2.植物全形 3.花 4.果实

(引自李家实主编《中药鉴定学》,1996年)

三、生产操作要点

（一）选地

选地是平贝母生产的关键，因为平贝母一经种植要连续生长多年，如选择不当"挪园子"，将会造成不可估量的损失。栽培最适宜的土壤是水分充足、肥沃疏松、富含腐殖质、排水良好的黑油沙土和黄油沙土。这样的土壤栽培出来的平贝母质量好、产量高。沙土、黄黏土、盐碱地、涝洼积水地均不宜栽培。选地最好靠近水源，以便浇灌。前茬作物以大豆或玉米最好。

（二）整地作畦

1. 畦的规划

在整平的地上，根据地形用绳子量出畦床的形状钉上木板。畦宽 1～1.2 m，作业道宽 50～60 cm，畦长可根据地形而定。作业道的宽度要适当，太宽浪费土地，太窄又不利于田间管理。

2. 抢平底

在木板上拉铁线把畦内土抢出 5～6 cm 深，翻到作业道上，使畦内呈平底浅槽。

3. 施底肥

平贝母是喜肥作物，施足底肥是增产关键。施肥能够增加土壤肥力，疏松土壤，改善土壤结构，以利于平贝母生长。施肥的种类以腐熟的鹿粪、羊粪、马粪、猪粪最好，其次是绿肥和堆肥、草炭等。切勿施用生粪和粪块，因为发酵后会生热，伤及贝母鳞茎和须根而导致腐烂。施肥时铺在畦槽底部 3～4 cm 厚，摊匀即可。

4. 覆底土

将放在作业道上的土打碎，平铺在底肥上，厚度约 3 cm，然后用耙子摊平耙细。

（三）种子繁殖

1. 疏果与采种

每株只留 1～2 果，其他疏掉。待 6 月上旬果熟时，即植株枯萎果实由深绿色变黄绿色，种子呈褐色即可采收。采收时可连杆一同拔起捆成把，吊挂在通风处阴干，至果皮失水裂缝时，即可将种子搓出播种。

2. 播种

6—7 月进行均可。选择富含腐殖质的土壤撒播或条播，覆土 1.5 cm 上盖 3 cm 厚的枯枝落叶或稻草，如干旱可浇水保持土壤湿润促进种子胚后熟。到 9 月下旬至 10 月上旬,种子即完成了后熟阶段并扎下一条白嫩的胚根越冬。第二年春出土,一年生只长出一片线形叶;二年生是一片披针形叶;三年生为一片宽叶而鳞茎仅有黄豆大,所以育苗至少三年才能移栽。

(四)栽种

1.栽种量的确定

平贝母植株矮小,又无分枝,适合密植。这样不仅能充分合理利用土地,又能增强平贝母的抗旱能力。根据鳞茎的大小不同,可参考以下每亩栽植量:小栽(高粱粒大小)125～150 kg;中栽(玉米粒大小)200～300 kg;大种球(榛子粒大小)300～400 kg。

2.栽植时期

芒种—夏至(6 月上旬至下旬)。

3.栽植方法

横畦条播。大、中球行距 10～15 cm,株距 1.5～2 cm,根盘向下栽植;小球栽按 8～10 cm 的行距条播。力求撒匀,使种栽间不拥挤为度。

撒种。将特小的子贝带土撒到畦面上,尽量使株距达到 1～1.5 cm 为宜。

覆土。将作业道上的表土覆在种栽上,先放少量土,把种栽压住,然后再大量上土。大种栽覆土 6 cm;小种栽覆土 3 cm,覆土后搂平畦面,床面中部可稍高些。遮阴作物可在贝母栽上后点播早豆角、饭豆、大豆、绿豆、早熟黄豆等。

上盖头粪。栽种后一般都要上 2～3 cm 厚的盖头粪。夏季可使土壤疏松、保持土壤水分、改变土壤肥力;冬季能防止土壤冻裂、保护贝母越冬。盖头粪以鹿粪、羊粪、猪粪、马粪较好。如粪肥不足可上腐殖土、枯枝落叶等。

(五)田间管理

1.除草与松土

平贝母植株矮小、出苗早、生育期短,田间管理很重要的工作就是除杂草。早春贝母未出土面前(约 3 月中旬)就要清理田园、搂出杂物。在生长期间有杂草就拔,在休眠期(枯萎以后)有草就铲,但不宜过深不要伤害地下鳞茎。如用除草剂宜在休眠期、出苗前或栽植后,但要注意药量不要过高,小苗喷雾量不要过多,以湿土皮为宜,否则要发生一些药害。

2.浇水与排水

贝母生育期短,生长迅速喜湿润,浇水能延长生长期。而东北产区常常春旱,为了保证贝母正常生长发育,可在 5 月中旬浇一次透水,有条件的地方可进行喷灌。同时也要结合松土,以免由于灌水造成土壤板结。在雨季贝母休眠期,要注意积水排涝。

3. 追肥

平贝母提倡施苗肥、花肥。苗肥在齐苗时施用,这时贝母鳞茎养分已消耗大半,植株迅速生长需追补速效氮肥。花肥在摘花后施用,这次追肥能够促进茎叶生长延长生长期,并为鳞茎迅速膨大提供充分条件。花肥最好施用复合肥、钾肥。因有"花期断料"说法,所以在花期前施入更为恰当。

4. 摘花蕾和插架

平贝母在开花期如出现花蕾要摘去,以减少开花结籽时对养分的消耗,使养分集中于鳞茎。据试验,平贝母摘蕾后鳞茎鲜重能增加 50% 左右。摘蕾时间以花蕾刚要开花时进行为宜,并以晴天最好。为了进行有性繁殖或育种的需要,将保留的花蕾旁插棍,棍高于植株即可,以防倒伏烂种。

5. 种植遮阴作物

种植遮阴作物的目的是为贝母休眠创造一个阴凉湿润的适宜环境,抑制杂草滋生,做到药粮双收,增加复种指数。遮阴作物最好是小豆、苞米,其次是南瓜,忌白菜和甘蓝。总之,遮阴作物的选择是,遮阴作用强、根系小、对贝母生育无影响、非贝母病虫害寄生、能增加土壤肥力、经济价值高的作物,种植时间可在采收后进行。如当年不收,可适时种植。也可在收贝母后移栽苞米、南瓜等。

6. 越冬前管理

越冬前对贝母田要进行一次清理,搂出田间作物的茎秆、杂草等。在封冻后、落雪前再施一次盖头粪,厚度 5 cm 左右,打碎粪块,铺盖均匀。

(六)病虫害防治

1. 贝母锈病

又称"黄疸",病原为一种担子菌。此病多于 5 月上旬发生,发病时叶背、茎基有锈色孢子群,严重时造成早期死苗。发病率 40%～70%。

防治措施:地上植株枯萎后,要及时彻底清理田园,将杂草和病株清除集中深埋或烧掉,保持田园卫生。发病初期摘除病叶可控制该病蔓延,或喷托布津 1 000 倍液、多抗霉素 200 U。

2. 贝母菌核病

又叫黑腐病,病植株早期叶片边缘变紫或变黄,最后全株枯死,受害鳞茎变黑。

防治措施:建立无病种子田,挖出病区换新土;更新老贝母园进行轮作。

3. 干腐病

鳞茎基部受害后呈蜂窝状,鳞片呈褐色褶皱状,蔓延很快,受害后鳞茎变成烂槽状和豆腐渣状,或变成黏滑的"鼻涕状",腐烂的鳞茎具有特别的酒酸味。

防治措施:选择无病种栽和不带病土,贝母枯萎后用 500 倍托布津液或 100 倍波尔多液浇灌病区。

（七）采收加工

1.采收

采收时间不宜过早也不宜过晚,过早尚未成熟产量低,过晚加工后成品色泽不好,影响质量,也影响遮阴作物的生长。贝母栽后,中球 2 年、小球 3 年即可采收,以 5 月下旬至 6 月上旬采收适宜,即地上部植株枯萎变黄时采收。

用平锹将贝母鳞茎上面的覆土翻到作业道上,再沿底肥层起收,将贝母连同带土一起过筛,除去杂物和泥土,将分筛的贝母小的作种;大的作货。

2.产地加工

平贝母收后,对超过榛子粒大的进行干燥加工。

土炕加工。先在炕上铺一层小灰或石灰,然后将贝母按大小分别铺好,再筛一层灰,使炕温达到 50～60℃。即手放上不能久停的程度,经 24 h 即可全部干透,筛去小灰即得干货。炕温过高易焦,过低易成油粒。

干燥室加工。将贝母铺在帘子上,不宜过厚,薄薄一层即可,放入干燥室内烘干。温度保持在 55～60℃,时间一般为 18～24 h,烘干初期升温要快,当温度达到 50℃时,可减小火力,将温度控制在 50～55℃之间。后期用文火保持在 55～60℃,烘干 12～14 h 后检查一下干燥程度,并适当调整帘子的位置,以确保干燥均匀。

日晒法。将平贝放在席子上,薄薄地铺上一层,为加速干燥亦可拌石灰,直到晒干为止,一般 3～4 天。此法只适合少量加工。

【知识链接】

1.地道药材(道地药材)

是指在特定自然条件、生态环境的地域内所产的药材。

2.各类药材的采收时期(表 1-3)

3.产地加工的目的和任务

目的:防止药材霉烂变质;便于干燥、分级、包装、贮藏和运输;便于进一步加工炮制成饮片。

任务:清除非药用部分、杂质、泥沙等;按药典规定的标准修制成合格的药材;降低或消除药材毒性、刺激性和副作用。

4.保护野生药用资源

一是有计划采药。不要积压,因有很多中草药贮藏久了会失去药效。

表 1-3　各类中草药采收时期

入药部位	采收时期	备注
根及根茎类	地上部分枯萎后至萌芽前	
茎木类	秋冬季	
全草类	现蕾或开花初期	少数花后采
叶类	叶片生长旺盛、叶色深、花蕾未开放前	有的四季均可采
皮类	春末夏初	
花类	含苞待放	一般在春夏季
果实	果实完全成熟	
种子	果皮褪绿呈完熟色泽,有一定硬度	达到固有色泽

二是合理采收。以地上部分入药的要留根,只采收其地上部分;采收时一般要采大留小、采密留稀、合理轮采。

三是封山育药。首先查清当地药材资源种类和数量,然后根据实际需要有计划分区域采收。

● **复习思考题**

一、填空题

1.人参生长(　　　　)年以后,每年都能开花结籽,对不收种的,应及时摘除(　　　　)。

2.人参生长期的管理工作有(　　　　)、(　　　　)、(　　　　)、(　　　　)、(　　　　)、(　　　　)等。

3.五味子为(　　　　)植物(　　　　)或花(　　　　)的干燥成熟果实。

4.五味子按来源分(　　　　)、(　　　　)和(　　　　)三种。

5.提高药材产量途径:(　　　　)、(　　　　)、(　　　　)、(　　　　)、(　　　　)、(　　　　)。

6.提高药材品质途径:(　　　　)、(　　　　)、(　　　　)、(　　　　)、(　　　　)。

7.草本药用植物的植株调整内容主要有(　　　　)、(　　　　)、(　　　　)、(　　　　)、(　　　　)等。

8.中药材采收期确定的原则是:以药用部位最(　　　　)、(　　　　)、(　　　　)、有效成分或主要成分含量高为宜。

二、判断题

1.细辛有顶凌出土的特性,翌春 4 月下旬至 5 月初出土。(　　　)

2.细辛栽培地主要选用阔叶林林下栽培。(　　　)

3.北细辛从幼苗到采收需要 5～6 年。(　　　)

4.黄芪以花入药。(　　　)

三、问答题

1.发展中药材 GAP 生产基地需要具备的基本条件?

2.为什么人工栽培五味子不适宜用无性繁殖的方法进行育苗?

3.为什么要进行五味子种子催芽处理? 怎么样进行种子处理?

4.五味子喜阳,为什么在育苗的时候要适当遮阳?

5.五味子移栽的行株距是多少? 一般 1 亩地要栽多少棵苗?

6.怎样对栽植后的五味子进行施肥?

7.如何划分五味子枝条? 有何特点?

8.怎样对不同年生的五味子进行修剪? 在修剪时要注意什么?

9.黄芪种子的处理方法?

10.种植平贝母的选地要求?

● 参考文献

[1] 杨继祥.药用植物栽培学.北京:中国农业出版社,1991.

[2] 黑龙江省北药技术开发总公司,黑龙江省华富药业北药开发研究院.北药栽培新技术.哈尔滨:黑龙江科学技术出版社,2000.

[3] 赵敏.药用植物栽培.哈尔滨:东北林业大学出版社,2001.

[4]《农业实用技术丛书》编写委员会.辽宁省药用植物栽培技术.沈阳:辽宁科学技术出版社,2002.

[5] 李家实.中药鉴定学.上海:上海科学技术出版社,1996.

[6] 中国医学科学院药用植物资源开发研究所.中国药用植物栽培学.北京:农业出版社,1991.

[7] 农业部农民科技教育培训中心,中央农业广播电视学校.五味子栽培新技术.北京:中国农业大学出版社,2007.

[8] 秦泽平.药用植物基础.北京:化学工业出版社,2006.

[9] 中华人民共和国卫生部药典委员会.中华人民共和国药典中药彩色图集.广州:广东科技出版社,1991.

[10] 金慧,周经纬.林下参人工种植培育研究.吉林:人参研究,2007(4)2-5.

项目二　无公害蔬菜生产

无公害蔬菜生产的各个环节都必须优化,包括:选择适合当地生产的高产、抗病虫、抗逆性强的优良品种和栽培新技术等。尤其要注重种子的精选和处理,控制种传病害;实行轮作倒茬,减少土传病害的发生;避免害虫的危害,为蔬菜生长提供有利的环境条件,才能保证产品的质量。

● 知识目标

了解无公害蔬菜的概念、标准和相关生产知识,熟悉主要蔬菜的生长习性。

● 能力目标

掌握无公害蔬菜生产操作流程,能进行育苗、设施环境控制、生产管理及病虫害的合理防治。具有生态环保意识。

● 知识准备

1. 无公害农产品

是指产地环境、生产过程和产品质量符合国家有关标准和规范要求,经认证合格获得认证证书并允许使用无公害农产品标志的未经加工或者初加工的食用农产品。

2. 无公害农产品标志(图 2-1)

3. 无公害农产品的生产管理要求

(1)生产过程符合无公害农产品生产技术的标准要求;

(2)有相应的专业技术和管理人员;

(3)有完善的质量控制措施,并有完整的生产和销售记录档案。

图 2-1　无公害农产品标志

4. 无公害蔬菜的含义

应是严格按照无公害蔬菜生产安全标准和栽培技术生产的无污染、安全、优质、营养型蔬菜。并且,蔬菜中农药残留、重金属、硝酸盐、亚硝酸盐及其他对人体有毒、有害物质的含量控制在法定允许限量之内,要符合有关标准规定。

5. 无公害蔬菜的标准

为规范生产者在蔬菜种植中农业投入品的科学使用,对蔬菜产品卫生质量指标的限量要求做出的明确规定。

6. 蔬菜中的"公害"

主要是指农药残留污染、重金属含量超标和硝酸盐、亚硝酸盐含量高、生物污染等。

7. 无公害蔬菜的三个不超标

一是农药残留不超标,即不能含有禁用的高毒农药,其他农药残留亦不超过允许量;

二是硝酸盐含量不超标,即蔬菜中硝酸盐含量不超过标准允许量;

三是有害物质不超标,即无公害蔬菜的病原微生物等有害物质含量不超过国家食品卫生标准所规定允许量。

8. 无公害蔬菜生产基地环境检测项目

检测共有 18 项指标。其中农田灌溉用水指标 9 项:pH、汞、镉、铅、砷、铬、氟化物、氯化物、氰化物;土壤质量指标 9 项:pH、汞、砷、铅、镉、铬、铜、六六六、DDT。

9. 无公害蔬菜产品卫生质量检测项目

检测共有 23 项指标:氟、砷、汞、镉、铅、铬、六六六、DDT、甲拌磷、甲胺磷、对硫磷、辛硫磷、马拉硫磷、倍硫磷、氧化乐果、敌敌畏、乙酰甲胺磷、乐果、溴氰菊酯、氰戊菊酯、百菌清、多菌灵、亚硝酸盐。

10. 无公害蔬菜与绿色蔬菜、有机蔬菜的区别

无公害蔬菜是按照相应生产技术标准生产的、符合通用卫生标准并经有关部门认定的安全蔬菜。

绿色蔬菜是我国农业部门推广的认证蔬菜,分为 A 级和 AA 级两种。其中 A 级绿色蔬菜生产中允许限量使用化学合成生产资料,AA 级绿色蔬菜则较为严格地要求在生产过程中不使用化学合成的肥料、农药、兽药、饲料添加剂、食品添加剂和其他有害于环境和健康的物质。从本质上讲,绿色蔬菜是从普通蔬菜向有机蔬菜发展的一种过渡性产品。

有机蔬菜是指以有机方式生产加工的、符合有关标准并通过专门认证机构认证的农副产品及其加工品。

任务一 无公害黄瓜生产

【知识目标】

熟悉黄瓜的生长特点,掌握黄瓜对环境条件的要求。

【能力目标】

掌握黄瓜的生产操作流程,能进行育苗、设施环境控制、生产管理及病虫害的合理防治。

【学习内容】

一、栽培茬次(表 2-1)

表 2-1 黄瓜栽培茬次(日光温室)

茬次	栽植时期	上市时间
早春栽培	深冬栽植	早春
秋冬栽培	秋冬栽植	初冬
冬春栽培	秋末定植	春节前上市
春提早栽培	终霜前 30 天左右定植	初夏
秋延后栽培	夏末初秋定植	国庆节前上市
长季节栽培		采收期 8 个月以上

来源于辽宁省地方标准(DB 21/1287—2004)。

二、生产操作流程

栽培品种的选择→育苗场地及设施的准备→苗床的制作与消毒→种子的播前处理→育苗→苗期管理→定植→田间管理→病虫害防治→采收前自检→采收与处理

三、生产操作要点

(一)栽培品种的选择

根据栽培方式分为保护地栽培和露地栽培,黄瓜分为春、秋黄瓜,应根据不同地区和季节选用品种。

抚顺地区选择抗病、优质、高产、商品性好、产量高、适合市场需求的品种。设施生产还要考虑到耐低温、耐弱光、耐高温又适合密植的品种。

设施栽培通常选用三冠王、当地叶三、长春密刺、山东密刺、津研系列(津研2号、6号、7号)、绿银、白刺、绿隆星等品种。

(二)育苗场地及设施的准备

选择无污染、无农药残留、无病菌,有利于无公害黄瓜生长、发育的地块。为防止病菌传播、蔓延,可与大蒜、大葱、韭菜、辣椒等抗、耐病菜类轮作。最好实行年轮作制。

因黄瓜根结线虫病分布在 3～4 cm 的表土层内,把土壤深翻 26～30 cm,将虫卵翻入深层,减轻线虫危害。

根据土壤肥力和目标产量确定施肥总量。磷肥全部作基肥,钾肥 2/3 做基肥,氮肥 1/3 做基肥。基肥以优质农家肥为主,2/3 撒施,1/3 沟施。

根据季节不同选用温室、塑料棚、温床等育苗设施,夏秋季育苗应配有防虫、遮阳设施。有条件的可采用穴盘育苗和工厂化育苗,并对育苗设施进行消毒处理,创造适合秧苗生长发育的环境条件。

黄瓜可采用苗床育苗,为保证营养面积,通常使用 7 cm×7 cm 或 10 cm×10 cm 育苗钵育苗。黄瓜的苗龄需要 25～30 天。苗期管理的环境要求为:白天 25～28℃,夜间 12～15℃,地温 18～20℃,夜间气温不低于 10℃。

(三)苗床的制作与消毒

按照种植计划合理设计播种床,配制优质肥沃的营养土。选用无病、无虫源的山皮土 60%加腐熟农家肥(以马粪和猪粪为宜)40%,经过筛后,每立方米加 1 000 g 三元复合肥拌匀后育苗。注意:农家肥使用前必须充分发酵腐熟,以防烧苗。

每平方米播种床用福尔马林 30～50 mL,加水 3 L,喷洒床土,用塑料薄膜闷盖 3 天后揭膜,待气体散尽后播种;或 72.2%的霜霉威水剂 400 倍液;或按每平方米苗床用 15～30 mg 药土作床面消毒,具体方法是:用 8～10 g 50%的多菌灵与50%的福美双混合剂(按 1∶1 混合),与 15～30 kg 细土混合均匀撒在床面。

(四)种子的播前处理

1.播种前检验

主要检验种子纯度、净度、千粒重、发芽率、水分和病虫害等。种子纯度≥95%,净度≥98%,发芽率≥95%,水分≤8%,应选择新种子,千粒重相对较大的种子饱满度好有利于培育壮苗。

2.种子的播前处理

用50％多菌灵可湿性粉剂500倍液浸种1 h,或用福尔马林300倍液浸种1.5 h,然后用清水进行多次冲洗,直至洗净黏液或用55℃热水浸种20 min后,用清水多次搓洗至无黏液。将处理好的种子放在25℃左右的清水中浸种6～8 h,捞出后将水分控净,用湿布包好放置25～30℃的地方催芽,2～3天即可出芽(芽不可催得太长,以免影响种子的成苗率和不利于播种),80％的种子出芽后即可播种。

(五)育苗

无公害黄瓜壮苗的标准是:子叶完好、无损伤、无病虫、茎粗、节短、叶厚、叶柄短、色浓绿、根系粗壮、侧根及吸收根发达、苗龄适当,无病虫害,达到定植要求标准。

1.播种育苗

(1)播种期 抚顺地区日光温室1月上旬播种,大棚2月上旬播种。

(2)播种方法 播种前浇足底水,湿润至深10 cm。水渗下后用营养土找平床面。均匀播种。播后覆营养土0.8～1 cm。每1 m² 苗床再用50％多菌灵8 g,拌上细土均匀撒于床面上,防治猝倒病。

(3)播种后管理 冬春季节播种床面覆地膜,夏季育苗覆盖遮阳网或稻草,当70％的幼苗顶土时撤掉覆盖物。

2.嫁接育苗

嫁接苗可有效防治枯萎病、白粉病、霜霉病等多种病害的发生,还可提高抗寒性和吸肥能力。嫁接黄瓜由于抗病性增强,可减少农药的用药次数和用药量,从而减少黄瓜内的农药残留以及对环境的污染。

(六)苗期管理

1.播种苗管理方法

(1)温度管理(表2-2) 冬春育苗温度管理白天适温25～28℃,出苗至分苗后的夜温不低于10℃。当外温在0℃左右时,放风速度不要过快,以防子叶和心叶边缘上卷变白。注意保持低温的稳定性,不宜过低,如果低温长期过低,叶部会逐渐变黄、萎蔫,子叶下垂,出现"寒根"现象。地温长期低于10℃,土壤又过湿,则出现"沤根"现象,根尖变黄发锈,叶片黄化,子叶下垂。如高温多湿,则籽苗徒长。

(2)光照管理 温室选择无滴膜覆盖,经常保持温室屋面清洁,太阳出来要及时早揭草帘,有条件的要张挂反光幕增加光照,夏季育苗要适当遮阳降温。

(3)水分管理 苗期尽量少浇水,做到不旱不浇,浇要浇透,在分苗时要浇足水。在高温干旱情况下,易出现子叶小而下垂,颜色深,节间短、生长慢的现象。

表 2-2　黄瓜苗期温度管理 　　　　　　　　　　　　　　　　　　　　℃

生长时期	日适宜温度	夜适宜温度	最低夜温
播种至出土	25～30	16～18	15
出土至分苗	20～25	14～16	12
分苗或嫁接后至缓苗	28～30	16～18	13
缓苗后到炼苗	25～28	14～16	13
定植前 5～7 d	20～23	10～12	10

（4）分苗　当子叶展平，真叶显现时分苗，最好采用直径 10 cm 的营养钵分苗。

（5）炼苗　冬春育苗，定植前一周，白天 20～23℃，夜间 10～12℃。夏秋育苗逐渐撤去遮阳网，适当控制水分。

2. 嫁接苗管理方法

将嫁接苗移入直径 10 cm 的营养钵内，用小拱棚遮光保湿 2～3 天，以利伤口愈合。7～10 天接穗长出新叶后撤掉小拱棚，靠接的要断接穗根，其他管理同正常黄瓜栽培。

（七）定植

定植前结合整地亩施发酵腐熟农肥 5 000 kg，无公害蔬菜生产专用肥 40 kg，过磷酸钙、硫酸钾各 10 kg，尿素 20 kg，生产上不许使用城市垃圾、污泥和未经发酵无害化处理的有机肥。

当 10 cm 土温稳定在 12℃ 后定植，露地生产终霜过后定植。最好采用地膜覆盖。作畦或起垄后覆膜，膜下灌水，亩保苗 3 000 株。

棚室在定植前要进行消毒，每亩设施内用 80% 敌敌畏乳油 250 g 拌上锯末，与 2 000～3 000 g 硫黄粉混合，分 10 处点燃，密闭一昼夜，放风后无味时定植。定植后浇一次缓苗水，一周内不高于 32℃ 要尽量少通风，5～7 天缓苗后，白天温度控制在 25～30℃，夜温 14～16℃。

（八）田间管理

1. 浇水

选择晴天上午浇水，结果盛期 4～7 天浇一次水。

2. 施肥

根据黄瓜长相和生育期长短，坐果多少，按照平衡施肥要求施肥，适时追施氮肥和钾肥。一般在根瓜长到 5～10 cm 时浇第一次肥水。同时，应有针对性地喷施微量元素肥料，根据需要可喷施叶面肥防早衰。

3. 追肥

整个生育期追肥 2～3 次,每次每亩追尿素 5～10 kg。商品菜采收时间前期,不能施用各种肥料。在采收结束前 30 天停止追肥。

4. 植株调整

缓苗后要根据瓜秧长势及时吊蔓或插架绑蔓,使其受光均匀,并去掉病叶、畸形瓜。随着植株的生长,在去除老黄叶后,棚室黄瓜及时落蔓,避免触到棚顶,使叶片自地面上均匀分布于空间,保证良好的通风和透光条件。

5. 采瓜

黄瓜的根瓜生长的同时,植株还在继续生长阶段,要坐第 2 和第 3 个瓜,为防止坠秧,促进秧蔓生长和上部坐瓜,适当早采根瓜。

(九)病虫害防治

贯彻"预防为主,综合防治"的植保方针,坚持以农业防治、物理防治、生物防治为主,化学防治为辅的无害化治理原则。

1. 农业防治

针对主要病虫控制对象,选用高抗多抗的品种;培育适龄壮苗,提高抗逆性;创造适宜的生育环境条件;控制好温度和空气湿度,适宜的肥水,充足的光照和二氧化碳,通过放风和辅助加温,调节不同生育时期的适宜温度,避免低温和高温伤害;清洁田园,做到有利于植株生长发育,避免侵染性病害发生;与非瓜类作物轮作三年以上;测土平衡施肥,增施充分腐熟的有机肥,少施化肥,达到防病虫害的目的。

2. 物理防治

棚室放风口用防虫网封闭,室内挂黄板诱杀,高温闷棚防治霜霉病、黑星病,选晴天上午浇一次大水后闷棚,2 h 后从顶部逐渐向下慢慢通风降温,闷棚后要加强肥水管理。

3. 药剂防治

不准使用高毒、高残留农药。注意轮换用药,合理混用。

霜霉病:用 72.2% 普力克水剂 800 倍液或 69% 安克锰锌可湿性粉剂 600～800 倍液喷雾。

炭疽病:用 80% 炭疽福美可湿性粉剂 600～800 倍液喷雾或 58% 甲霜灵可湿性粉剂 500～600 倍液喷雾。

黑星病:用 50% 多菌灵可湿性粉剂 500 倍液或 64% 杀毒矾可湿性粉剂 500 倍液喷雾。

枯萎病:用 50% 多菌灵可湿性粉剂 500 倍液灌根,每株灌药 0.5 kg,10 天左右灌一次。

灰霉病:用 50％农利灵可湿性粉剂 500 倍液喷雾。

细菌性角斑病:用 72％农用链霉素 4 000 倍液或琥胶肥酸铜可湿性粉剂(DT 杀菌剂)400～500 倍液或可杀得可湿性粉剂 1 000 倍液喷雾。

蚜虫:10％吡虫啉可湿性粉剂 2 000～3 500 倍液喷雾。

以上介绍的各种农药在整个生育期最多使用 2～3 次,安全间隔期 7 天以上。

(十)采收前自检

无公害蔬菜上市前必须对农药残留进行检测,才能上市,有效减少农药、化肥的残留。

查看是否过了使用农药的安全间隔期,可以用速测卡或仪器进行农药残留检测。

(十一)采收与处理

1.适时采摘

按照当地适销时机适时分批采收,并根据植株有瓜多少灵活掌握。适时早采摘根瓜,防止坠秧,减轻植株负担,确保商品果品质,促进后期果实膨大。产品质量应符合无公害食品要求。

2.及时清洗

用无污染清洁水清洗不仅洗尽灰尘、泥土,还可减少有害元素含量,以保证质量。黄瓜等生食蔬菜的大肠杆菌数目要少于 30 个/100 g,致病菌、寄生虫卵不得检出。

3.严格包装

避免二次污染,采用托盘以保鲜膜包装,装运全部采用塑料筐,防止碰伤影响蔬菜表面质量。

任务二　无公害茄子生产

【知识目标】

熟悉茄子的生长特点,掌握茄子对环境条件的要求。

【能力目标】

掌握茄子的生产操作流程,能进行育苗、设施环境控制、生产管理及病虫害的合理防治。

【学习内容】

一、栽培茬次(表 2-3)

表 2-3　茄子栽培茬次

茬次	栽培方式	播种期	定植期	采收期
春提早	温室、大棚	1 月上旬至 2 月上旬	3 月上旬至 4 月上旬	4 月中旬至 6 月上旬
春小棚	小拱棚	2 月中下旬	4 月下旬至 5 月上旬	6 月上旬至 9 月下旬
春夏茬	露地、地膜	2 月下旬至 3 月上旬	5 月中旬	6 月下旬至 9 月下旬
秋延后	温室、大棚	7 月中下旬	8 月中旬	9 月上旬至 12 月下旬
冬茬	温室	8 月中旬至 10 月下旬	10 月上旬至翌年 1 月下旬	11 月下旬至翌年 4 月下旬

来源于辽宁省地方标准(DB 21/1260—2004)。

二、生产操作流程

栽培品种的选择→苗床的制作与消毒→种子的播前处理→育苗→苗期管理→整地施肥→定植→田间管理→病虫害防治→采收与处理

三、生产操作要点

(一)栽培品种的选择

选择抗病、优质、丰产,适应性广,商品性好,耐弱光,耐高温品种。当地紫茄、辽茄系列、抚茄 2 号、沈茄 1 号、2 号,西安绿等品种。

(二)苗床的制作与消毒

配制优质肥沃的营养土。用山皮土 60%加腐熟农家肥 40%;或草炭土 30%加经过杀菌的大田土 30%、加腐熟农家肥 40%过筛后,每立方米加 1 000 g 三元复合肥,混拌均匀后育苗。

(三)种子的播前处理

用冷水浸种 3~4 h,然后用 50~55℃的热水烫种 30 min,并不断搅拌,当水温降至 30℃时进行浸种 1~2 天。每天搓洗 2~3 次,将种皮上黏液搓掉,洗净后用湿布包好,放在 28℃左右温度下催芽。每天用清水冲洗 1 次,7 天左右出芽,当

50％种子露芽时即可播种,播种前也可将其放在 12℃下,进行 2 h 左右的低温锻炼。

(四)育苗

无公害茄子壮苗的标准是:株高 20 cm,茎粗 0.6 cm,7～9 片叶,叶色浓绿,现蕾,根系发达,无病虫害。

1.播种育苗

播种前浇足底水,均匀撒播,覆土 0.8 cm 左右。冬春季节床面覆地膜,夏季育苗覆盖遮阳网或稻草。当 70％幼苗出土后撤掉覆盖物。采用温室内育苗和露地育苗的育苗方式。要及时分苗。当秧苗长到二叶一心时,栽到直径 10 cm 营养钵内。

2.嫁接育苗

主要防治茄子枯萎病和黄萎病。托鲁巴姆做砧木,当地紫茄或西安绿茄作接穗,用劈接法嫁接。砧木需要比接穗早播 25～30 天,再播接穗。嫁接后,嫁接苗用嫁接夹固定好,去掉砧木腋芽。嫁接后摆放在小拱棚内,然后喷水保湿,遮阳防晒,7～10 天揭掉遮阳物,10～15 天转入正常管理。

(五)苗期管理

1.温度管理

分苗后,日温 25～28℃,夜温 15～18℃,最低不低于 8℃;缓苗后至定植前,日温 25℃,夜温 15℃;当苗长到 2 片真叶时,白天温度保持在 23～25℃,夜间为 10～12℃进行蹲苗。定植前一周要放大风、降低温度,低温炼苗,控制给水。

2.光照管理

冬春季节温室内张挂反光幕,增加光照,提高室温,温室屋面覆盖无滴膜,经常擦净屋面灰尘,及时揭盖草帘。夏季育苗要用遮阳网降温。

3.水肥管理

苗期以控水为主,中期促控结合。不旱不浇,冬季浇温水,提高地温,促进根系发育。

(六)整地施肥

在生产中不许使用城市垃圾、污泥、工业废渣和未经无害化处理的有机肥。要细致整地,每亩施入充分发酵腐熟的农家肥 5 000 kg,撒施后整地,每亩施磷酸二铵 40～50 kg,施后做畦或做垄,采用地膜覆盖栽培。

(七)定植

当 10 cm 土温稳定在 10℃以上进行定植。采用南北行定植,亩保苗 2 700～3 000 株。

缓苗期白天温度控制在 25～30℃,夜间 20℃;经过缓苗,开始放风降温,白天温度保持在 25～28℃,夜间保持在 15～17℃,防止烤苗。注意阴天、雪天也要打开草苫子,让小苗见光。

(八)田间管理

1. 水肥管理

可视土壤墒情在定植后浇一次缓苗水,前期适当蹲苗,近开花期结合灌水追一次催果肥。果期结合浇水追一次肥,每亩施尿素 10～15 kg、磷酸钙 20 kg。保护地茄子要用"沈农番茄丰产剂二号"沾花处理。

2. 温、湿度管理

定植至缓苗期,棚室日温 25～28℃,夜温 15～18℃;果实采收期,日温 22～25℃,夜温 13～15℃,最低夜温在 8～10℃。相对湿度维持在 80% 以下,采用无滴膜覆盖,膜下暗灌技术,每次浇水后要及时通风排湿。

3. 整枝、摘除老叶

当门茄开始膨大时,要进行整枝。采取双干整枝,保留门茄第一侧枝,摘除以下侧枝腋芽,以后每个茄子现花后都要保留双干。保留好叶片,并随时摘除老叶、底叶、病叶,以利通风透光,减少养分消耗和病虫害的发生。

(九)病虫害防治

1. 农业防治

创造适宜的温湿度、适合作物生长发育的环境条件。及时摘掉病果和病叶,深埋处理。与非茄果类作物实行 3 年以上轮作。以托鲁巴姆、托托斯加、世纪星作砧木进行嫁接,防治黄萎病、绵疫病、褐纹病,及时清除田间杂草病虫、残膜。在移苗和定植时,要带土移植,防止伤根;适时灌水,防止地面干裂伤根,防止黄萎病的发生。发现猝倒病、立枯病后,及时移苗,降低床土湿度。

2. 物理防治

棚室通风口放置防虫网,防止害虫侵入。室内用黄板诱杀蚜虫,田间悬挂黄色粘虫板诱杀斑潜蝇等。

3. 生物防治

使用苦参素和印楝素等。

4. 药剂防治

生产中不准使用高毒高残留农药,一定要严格掌握农药使用安全间隔期。

(1)灰霉病 用 50% 速克灵可湿性粉剂 1 500 倍液或 75% 百菌清可湿性粉剂 500 倍液喷雾。

（2）绵疫病、褐纹病　用72％普力克水剂800倍液或75％百菌清500倍液或50％琥胶肥酸铜（DT）杀菌剂500倍液喷雾。

（3）枯萎病、黄萎病　在发病初期用50％多菌灵500倍液灌根，也可用DT杀菌剂500倍液灌根。

（4）青枯病　用72％农用链霉素4 000倍液灌根或用DT杀菌剂500倍液灌根。

（5）虫害　主要为二十八星瓢虫。人工捕捉成虫，利用其虫假死性，扣打植株使其坠落，收集灭亡。人工摘除卵块，消灭虫源。药剂防治用2.5％溴氰菊酯3 000倍液喷雾。

（十）采收与处理

采收前对农药残留进行自检。

通常于定植后50天左右开始采收，特别是门茄长到15 cm时，要及早采收，以利于植株生长。

任务三　无公害辣椒生产

【知识目标】

熟悉辣椒的生长特点，掌握辣椒对环境条件的要求。

【能力目标】

掌握辣椒的生产操作流程，能进行育苗、设施环境控制、生产管理及病虫害的合理防治。

【学习内容】

一、栽培茬次

辣椒栽培茬次见表2-4。

二、生产操作流程

栽培品种选择→种子的播前处理→ 播种育苗→苗期管理→定植→田间管理→病虫害防治→采收→贮藏

表 2-4　辣椒栽培茬次

茬次	栽培方式	播种期	定植期	采收期
春提早	温室、大棚	12 下旬至翌 2 月上旬	3 月上旬至 4 月上旬	4 月中旬至 6 月上旬
春小棚	小拱棚	2 月上旬	4 月下旬至 5 月上旬	6 月上旬至 9 月下旬
春夏茬	露地、地膜	2 月中旬至 3 月上旬	5 月中旬	6 月下旬至 9 月下旬
秋延后	温室、大棚	7 月上中旬	8 月中旬	9 月上旬至 12 月下旬
冬茬	温室	8 月中旬至 10 月下旬	10 月上旬至翌年 1 月下旬	11 月下旬至翌年 4 月下旬

来源于辽宁省地方标准(DB 21/1261—2004)。

三、生产操作要点

(一)栽培品种的选择

选择抗病、优质、丰产,适应性广,商品性好,耐弱光,耐高温品种。

适合种植的品种有沈椒 4 号、沈椒 2 号、辽椒系列、牛角椒、景椒系列等。

(二)种子的播前处理

1.浸种

用 55℃ 的热水浸种 15 min,并不断搅拌,水温降至 30℃ 时进行浸种。也可用 50% 多菌灵可湿性粉剂 500 倍液浸种 1 h,再用清水洗净后浸种。

2.催芽

将处理后的种子放入 25~30℃ 温水中浸泡 10~12 h,搓洗干净后晾干种子表水,用湿布包好,放在 28~30℃ 地方催芽,每天用清水冲洗 1 次,4~6 天后,50% 种子出芽即可播种。

(三)播种育苗

无公害辣椒壮苗的标准是:生理苗龄 8~12 片真叶。直观形态特征:生长健壮、高度适中、茎粗节短;叶片较大、生长舒展,叶色正常,浓绿;子叶不过早脱落或变黄;根系发达,尤其是侧根多,色白;秧苗生长整齐,既不徒长,也不老化,无病虫害;用于早熟栽培的秧苗带有肉眼可见的健壮花蕾。

1.播种时期

保护地 1 月下旬播种,露地 2 月下旬播种。

2. 播种前消毒

用山皮土 60％加腐熟农家肥 40％,配制优质肥沃的营养土,每立方米加入 1 000 g 三元复合肥,混拌均匀并消毒后育苗。

消毒方法可选用适宜绿色食品生产的苗床消毒剂,如 50％多菌灵可湿性粉与 50％代森锌按 1：1 混合后,每平方米苗床用药 2～2.5 g 与 20 kg 半干细土混合, 播种时 1/3 铺苗床中,2/3 盖在种子上。

3. 播种方法

播种前浇足底水,均匀撒播,苗床上覆 0.8 cm 细土。冬春季节床面覆地膜。 夏季育苗覆盖遮阳网降温。当 70％幼苗出土后撤掉覆盖物,当幼苗长至二叶一心 时移苗,移到 10 cm 营养钵内。

也可采用穴盘、营养钵、纸袋等护根措施。

(四)苗期管理

1. 温度管理(表 2-5)

当幼苗长到 2～3 片真叶时即可进行分苗。分苗后控制日温 25～28℃,夜温 15～18℃,定植前一周控制日温 25℃,夜温 15℃,可昼夜放风炼苗。

表 2-5　辣椒苗期温度管理　　　　　　　　　　　　　　　℃

时间	昼温	夜温	地温
播种—齐苗	26～30	18～20	18～23
齐苗—分苗	23～25	15～18	16～21
分苗—缓苗	25～30	20～25	22～24
缓苗—炼苗前	23～28	18～23	18～22
炼苗	20～25	16～20	13～20

来源于辽宁省地方标准(DB 21/1261—2004)。

2. 光照管理

冬春季节,温室屋面覆盖无滴膜,温室后墙张挂反光幕,增加光照,提高室温。

3. 水肥管理

苗期以控水、控肥为主,中期促控结合。

4. 分苗与炼苗

2～3 片真叶时分苗,苗距 10～12 cm,大棚栽培应在定植前一周炼苗。注意立 枯、猝倒、灰霉病的防治。

(五)定植

在生产中不准使用生活垃圾和污泥及未经无害化处理的人粪尿和有机肥。每亩施农家肥 3 000～5 000 kg、硫酸钾 15 kg、二铵 40 kg。施化肥沟施,农家肥撒施,施后作垄或作畦,采用地膜覆盖栽培,保护地 3 月下旬至 4 月初定植,露地 5 月中旬定植。

（六）田间管理

1.温湿度管理

棚室定植后 2～3 天不放风,以后视天气情况由小到大放风,控制日温 25～30℃,夜温 15～18℃,浇水后要及时通风。

2.肥水管理

定植后,顺沟浇一次缓苗水,直至坐果前不浇水,当门椒长到核桃大时,结合浇水亩施尿素 10 kg,以后视情况进行浇水,浇水在地表土壤见干时进行。禁止大水漫灌,不要在阴天傍晚浇水。提倡膜下灌、滴灌、喷灌。生长过程中的不同发育时期的灌水量和灌溉次数与常规栽培相同。

选用符合无公害要求的肥料。重施基肥,合理追肥。以有机肥为主,允许限量使用化肥,但应控制氮肥用量,增施磷钾肥。按不同生育期和传统经验追肥（表2-6）。

表 2-6　中等肥力条件下施肥管理

生育时期	肥料种类、施用浓度和每亩用量	次数
定植—现蕾	15%～20%腐熟人畜粪尿 1 000～1 500 kg	1
开花—第一次采果	20%～25%腐熟人畜粪尿 1 500～2 000 kg 加 5 kg 尿素	1
结果盛期（第二次采果）	30%～40%腐熟人畜粪尿 2 500～3 000 kg 加 3～4 kg 硫酸钾和 5 kg 尿素	1（第二次采果以后每采收 2 批果追 1 次肥）

3.其他管理

及时整枝打杈,摘除枯黄病叶,立支架,中耕除草,培土,适度通风等。

整枝打杈,通常门椒以下侧枝须摘除,留主干与 1～2 个分枝。

辣椒露地和设施栽培,宜采用木桩或竹竿搭立支架固定植株,结合中耕除草,培土上厢,以防倒伏。

生长过程中,及时摘除基部老黄叶和病叶,以利于通风和植株生长。

早熟栽培中,可适当应用植物生长调节剂保花保果。但不应使用2,4-D 保花保果。

（七）病虫害防治

1.农业防治

选用抗病虫品种,创造适宜的环境条件,及时摘掉病果、病叶。

2.物理防治

盛夏棚室密闭高温消毒;棚室通风口放置防虫网,室内用黄板诱杀害虫。

3.药剂防治

生产中不准使用高毒高残留农药。要严格掌握农药安全间隔期。

疫病:在发病初用 70%乙磷铝锰锌可湿性粉剂 500 倍液喷雾。

炭疽病:用 80%炭疽福美可湿性粉剂 600~800 倍液。或用 75%百菌清可湿性粉剂 600 倍液喷雾。

病毒病:早期防蚜,发病初期用 20%病毒 A 可湿性粉剂 400 倍液喷雾。

(八)采收与处理

根据市场的需求和辣椒商品成熟度分批及时采收。采收过程中所用工具要清洁、卫生、无污染。

采后剔除病、虫、伤果,有泥沙的要清洗,达到感官洁净。清洗用水应符合 NY/T 391 中加工用水的要求,然后根据大小、形状、色泽进行分级包装。包装贮存容器要求光洁、平滑、牢固、无污染、无异味、无霉变,避免二次污染。

任务四 无公害番茄生产

【知识目标】

熟悉番茄的生长特点,掌握番茄对环境条件的要求。

【能力目标】

掌握番茄的生产操作流程,能进行育苗、设施环境控制、生产管理及病虫害的合理防治。

【学习内容】

一、栽培茬口

番茄栽培茬口见表 2-7。

二、生产操作流程

栽培品种选择→种子的播前处理→播种育苗→苗期管理→定植→田间管理→病虫害防治→采收与处理→贮藏

表 2-7　番茄栽培茬口

茬口	日光温室			塑料大棚		
	育苗时间	定植期	采收期	育苗时间	定植期	采收期
春茬	11 月上旬	2 月上旬	4 月中旬	12 月中下旬	3 月上旬	5 月中旬
秋茬	6 月下旬	7 月下旬	10 月上旬	6 月上旬	7 月上旬	9 月中旬
秋冬茬	7 月中下旬	9 月上旬	11 月上旬			
冬茬	8 月下旬	10 月中旬	1 月上旬			
冬春茬	10 月上旬	12 月上旬	2 月下旬			

三、生产操作要点

（一）栽培品种的选择

选择抗病、优质、丰产、适应性广、商品性好、耐贮运的品种。保护地生产选择耐低温、耐弱光、耐高温品种。如"903"、"906"、新"L402"、"圭粉四号"、佳粉、红神一号、粉霸王、"沈粉系列"圣女樱桃番茄等。

（二）种子的播前处理

用 55℃热水浸种 15 min，并不断搅拌，当水温降到 30℃左右时，浸种 6～8 h，或将番茄种子放入 55℃水中不断搅拌至 25℃浸种 10 min，置于 1% 的高锰酸钾溶液中浸泡 15 min 用纱布口袋过滤，扎好袋口放入水中洗净至水变清。然后放入 25℃水中浸种 4 h，搓洗干净后用湿布包好置于 25℃环境中催芽。

为了防止早疫病的发生可用 0.4% 甲醛水溶液浸泡 15～20 min，捞出后闷种 2～3 h，之后用清水反复冲洗干净后置于 28～30℃环境中催芽，时间为 36～48 h。在催芽过程中，每天用温水冲洗 1～2 次，并翻动种子，当 50% 左右种子露白时即可播种。

（三）播种育苗

1. 壮苗标准

无病虫害、根系发育良好、侧根多、节间短、7～8 片真叶且叶片厚实舒展。

2. 播种用土准备

用山皮土 60% 加入充分腐熟过筛的农家肥 40% 的比例混合过筛，配制成苗床土，每立方米加入 1 000 g 三元复合肥混拌后育苗，不能使用没发酵农家肥。也可在每立方米培养土中掺入 250 g 尿素和 1～2 kg 过磷酸钙，每 50 kg 苗床土加 50 g 多菌灵（或代森锰锌）和 100 g 辛硫磷拌匀，用喷雾器喷水使其含水量达到手捏成团不渗水,落地而散的程度,然后分装入营养盘或营养钵中。

3.播种

12月初播种。播种前浇足底水,床土湿润深至10 cm,水渗下后用营养土找平,将种子均匀撒播在上面,播后覆营养土0.5～0.8 cm。冬春播种时床面上覆盖地膜,夏季育苗需覆盖遮阳网或稻草,当70%幼苗顶土时及时撤掉覆盖物。

幼苗二叶一心时进行分苗,淘汰病、弱、劣苗,移栽到直径10 cm营养钵内。

(四)苗期管理

1.温度管理

冬春季育苗温度白天适温25～28℃,夜间出苗后至分苗期最低温度不低于10℃(表2-8)。定植前要加大放风炼苗。

表 2-8　番茄苗期温度　　　　　　　　　　　　℃

时间	日温	夜温	备注
播种至出苗	25～30	20以上	不通风
出齐苗至分苗	22～25	13～15	适当通风
分苗后至缓苗	25～28	15～18	适当通风
缓苗至6～7片叶	23～25	10～15	适当通风
定植前一周	20～23	6～8	加大通风

来源于辽宁省地方标准(DB 21/1315—2004)。

2.光照管理

温室覆盖选择无滴膜,且要经常清扫、擦净屋面灰尘。太阳出来后及时早揭草帘。温室内可张挂反光幕增加光照。夏季育苗要用遮阳网降温。

3.水肥管理

苗期以控水控肥为主,移苗时要浇透水,以利缓苗。

(五)定植

定植前一周左右,尽量少浇水并逐渐加大通风量进行炼苗,以使其适应环境,经过炼苗的幼苗可忍耐短时间0℃左右低温。

在生产中不得使用城市垃圾、污泥、工业废渣和未经无害化处理的有机肥。定植前结合整地施肥,每亩施优质腐熟农家肥5 000 kg以上。蔬菜专用肥40 kg,硫酸钾15～20 kg。基肥撒施,化肥沟施。

温室清除前茬作物后,2月上中旬定植,大棚和露地在10 cm土温稳定在10℃后进行定植。定植时选择壮苗,采用南北行栽培。根据品种特性,整枝方式,留果穗数确定株距,一般亩保苗 3 000～4 000 株。采用地膜覆盖,膜下灌水技术。

（六）田间管理

1. 温湿度管理

尽量使空气相对湿度在 60％～65％。浇水后要及时通风排湿,浇水要在上午进行。棚内最低气温在 12℃以上时可整夜放风,使叶面不结露为最好。

2. 水肥管理

视土壤墒情可在定植后浇一次缓苗水,然后进行蹲苗,不旱不浇,约每隔 7 天浇一次水。第一穗果坐住后进行浇水追肥,每亩追磷酸二氢钾 8～10 kg,盛果期追 5～8 kg 尿素。叶面补喷 0.2％磷酸二氢钾共喷 1～2 次,共追肥二次。

3. 植株管理

疏花疏果,每穗只留 4～5 个果。及时整枝打杈和定心,摘除老、黄病叶和病果,及时绑秧。

（七）病虫害防治

1. 农业防治

创造适宜作物生长发育,不利于病虫害生长的环境条件。

2. 物理防治

棚室通风口放置防虫网,棚室内用黄板诱杀蚜虫,田间悬挂黄色粘虫板诱杀斑潜蝇等。

3. 生物防治

使用生物农药苦参素及印谏素等。

4. 药剂防治

不准使用高毒高残留农药。

苗期猝倒病:一般用 15％的恶霉灵水剂 450 倍液或用 75％百菌清可湿性粉剂 600 倍液,主要喷苗茎基部。

立枯病:发病初期喷施 64％杀毒矾 500 倍液,或 36％甲基硫菌灵水剂 450 倍液。

灰霉病、叶霉病:用 50％速克灵可湿性粉剂 1 500 倍液喷雾,或 65％硫菌、霉威可湿性粉剂 800～1 500 倍液喷雾。

早、晚疫病:用 75％代森锌 1 500 倍液喷雾,或 75％百菌清可湿性粉剂 600 倍液,或 77％可杀得可湿性粉剂每亩用量 145～270 g,兑水喷雾。

溃疡病:用 72％农用链霉素可溶性粉剂亩用 13.9～27.7g,兑水喷雾。

病毒病:用 83 增抗剂 100 倍液,或病毒 A 500 倍液喷雾。

蚜虫、白粉虱:用 10％吡虫啉可湿性粉剂 2 000～3 000 倍液喷雾,或用 2.5％溴氰菊酯乳油 2 000～3 000 倍液喷雾。

美洲斑潜蝇:用 22％敌敌畏烟剂每亩使用 0.5 kg 熏蒸,或用潜克 50％可湿性粉剂 3 000～5 000 倍液喷雾。

(八)采收与处理

采收所用工具要保持清洁、卫生、无污染。要及时分批采收,减轻植株负担,确保商品果品质,促进后期果实膨大。番茄采收标准依用途而定。一般于果实充分膨大,果皮由绿变黄或红,选择无露水时采收。就地上市的应在果实转红后及时采收,方便运输,稍后熟即可食用;贮藏或远距离运输的果实发育达绿熟果程度时采收,在后熟过程中逐渐变色。

采收前 15 天用 50％多菌灵可湿性粉剂 500～600 倍液喷果一次,以利贮藏时减少病果腐烂。

(九)贮藏

临时贮存应放在阴凉、通风、清洁、卫生的条件下,防日晒、雨淋、冻害及有毒物质的污染。特别要防止挤压等损伤。

采收后,选无病虫害、无伤口的果按其成熟程度分开堆码。贮藏温度 10～15℃,不能低于 8℃,相对湿度 70％～80％,一周左右翻动一次。翻堆时将已成熟的果选出上市,将病果、烂果去除,未红的果实继续贮藏,陆续上市。

任务五　无公害韭菜生产

【知识目标】
熟悉韭菜的生长特点,掌握韭菜对环境条件的要求。

【能力目标】
掌握韭菜的生产操作流程,能进行育苗、设施环境控制、生产管理及病虫害的合理防治。

【学习内容】

一、栽培茬口

春、夏两季播种。也可育苗移栽。

二、生产操作流程

栽培品种选择→种子的播前处理→整地施肥→播种育苗→定植→田间管理→病虫害防治→采收与处理→贮藏与运输

三、生产操作要点

（一）栽培品种的选择

选用抗病虫、抗寒、耐热，分蘖力强，外观和内在品质好的品种。如马兰韭、竹秆青、汉中冬韭、河南 791、嘉兴雪韭等。

（二）种子的播前处理

每亩用种量 4～6 kg 用干籽直播（春播为主），韭菜的种子外皮附有一层角质皮层，播干籽出苗较慢，可用 40℃温水浸种 12 h，除去秕籽和杂质，将种子上的黏液洗净后催芽。将浸好的种子用湿布包好放在 16～20℃的条件下催芽，每天用清水冲洗 1～2 次，60％种子露白尖即可播种。

（三）整地施肥

苗床应选择排灌良好、沙质土壤，土壤 pH 在 7.5 以下的地块。要特别注意的是前茬种过韭菜等百合科作物的田块不宜选用，以免受病虫危害。亩施 5 000 kg 优质农家肥做基肥，配合施用三元复合肥 15 kg，深翻施入土层中。

（四）播种育苗

播种时间春季 5 月上旬，夏季 7 月上旬。将催好芽的种子混入 2～3 倍沙子撒在沟、畦沟，上覆过筛细土 1.6～2 cm。播种后立即覆盖地膜或稻草，70％幼苗顶土时撤除床面覆盖物。播后水肥管理，出苗前需 2～3 天浇一次水，保持土表湿润。当苗长至 16 cm 高时，可 7 天浇一次水，雨季停止浇水，注意排涝和除草。在播种后出苗前亩用 33％施田补乳油 100～150 g，兑水 50 kg 喷洒地表。

（五）定植

春播苗，7 月中旬定植，夏播苗应在第二年 5 月中旬定植。定植时期尽量错开高温季节，否则土壤水分过多，氧气含量不足，影响新根发生和伤口愈合。

定植方法：将韭苗起出，剪去须根先端，留 2～3 cm，以促进新根发育，在畦内按行距 18～20 cm，穴距 10 cm，沟深 16～20 cm，每穴栽苗 20～30 株，栽培深度以不埋住分蘖节为宜。

（六）田间管理

1. 水分管理

定植后连浇两次水，及时铲地 2～3 次后蹲苗，此后土壤保持见干见湿状态，进入雨季应及时排涝。

2. 施肥管理

施肥应根据长势、天气、土壤干湿度、土壤肥力而定，不断地追施腐熟有机肥：每亩施肥 800 kg 左右，同时加入 5～10 kg 尿素。

3. 及早扣棚

将枯叶搂净，顺垄将表土划松，休眠期长的品种，应促进早萌发，加强温湿度管理。棚内应保持白天 20～24℃，夜间 12～24℃，株高 10 cm 以上时，保持白天16～20℃，超过 20℃放风降温排湿。相对湿度 60％～70％，夜间 8～12℃。

（七）病虫害防治

常发生灰霉病、疫病、霜霉病。

灰霉病：每亩用 50％速克灵可湿性粉剂 40 g，兑水 50 kg 喷雾。

霜霉病、疫病：每亩用 75％百菌清可湿性粉剂 50 g，兑水 50 kg 喷雾。

常有韭蛆、潜叶蝇。

韭蛆：每亩用 90％固体敌百虫 60 g，兑水 60 kg 灌根。

潜叶蝇：用黄粘板诱杀成虫，在田间设置黄板，每亩悬挂 30～40 块，当黄粘板粘满成虫再重涂一层黄色机油更换粘板，7～10 天换一次，防治效果较好。

（八）采收与处理

收获季节主要在春、秋两季，夏季一般不收割，韭菜适于晴天清晨收割。收割时刀口距地面下 2～4 cm，以割口呈黄色为宜，割口应整齐一致，两次收割间隔应在 30 天左右。春播苗，可于扣膜后 40～60 天收割第一刀。夏播苗，可于翌年春天收割第一刀。在当地韭菜凋萎前 50～60 天停止收割。每亩产量 2 000 kg 以上。

收割后的管理，每次收割后，把韭茬搂一遍，周边土锄松，待 2～3 天后韭菜伤口愈合，新叶快出时进行浇水。每年要进行培土一次，以解决韭菜跳根问题。

（九）贮藏与运输

临时贮藏要在阴凉、通风、清洁、卫生的条件下进行，严防暴晒、雨淋、高温、冻害及有毒物质、病虫害的污染。夏季长途运输时需要预冷，把捆扎好的韭菜放在

−2～2℃的冷库内预冷1～2 d,装入内衬保鲜袋的纸箱或周转筐中,或直接装入长100 cm、宽70 cm的包装袋内,然后,装保温车运输。冷库贮藏时,控制温度为0～2℃,相对湿度95%。

要求运输工具清洁卫生、无污染。装运时,做到轻装、轻卸,严防机械损伤。运输时,严防日晒、雨淋,注意防冻和通风。

● **知识链接**

1. 无公害蔬菜生产基地环境的选择

在达到 NY 5010—2002 无公害食品对蔬菜产地环境条件规定标准的地区建立无公害蔬菜生产基地,基地的基本条件是基地灌溉水应符合国家《农田灌溉用水标准》,基地的空气条件应低于《保护农作物的大气污染物最高允许浓度》之下,基地周围没有排放有害物质的污染源,距公路主干线50～100 m以上,相对集中成片,有利于规模化生产。

(1)农田大气 远离城镇及污染区,无大量工业废气污染源,空气内尘埃较少,雨水中泥沙少,pH适中,基地内所使用的塑料制品无毒、无害、无污染(表2-9)。

表 2-9 环境空气质量要求

项目	浓度限值			
	日平均		1 h平均	
总悬浮物(标准状态)/(mg/m³) ≤	0.30		—	
二氧化硫(标准状态)/(mg/m³) ≤	0.15[a]	0.25	0.50[a]	0.7
氟化物(标准状态)/(μg/m³) ≤	1.5[b]	1.7	—	

注:日平均指任何1日的平均浓度;1 h平均指任何1 h的平均浓度。

a 菠菜、青菜、白菜、黄瓜、莴苣、南瓜、西葫芦的产地应满足此要求。

b 甘蓝、菜豆的产地应满足此要求。

(2)灌溉用水 基地内水源质量稳定,基地上方水源的各个支流处无工业污染源影响(表2-10)。

(3)土壤质量 土质肥沃,有机质含量高,酸碱度适中,土壤中元素在正常范围以内,土壤耕层内无重金属、农药、化肥、石油类残留物、有害生物等污染(表2-11)。

2. 农药安全间隔期

是指最后一次施药至放牧、收获(采收)、使用、消耗作物前的时期,自喷药后到残留量降到最大允许残留量所需间隔时间(表 2-12)。

表 2-10　农田灌溉水中各项污染物的浓度限值

项　目		浓度限值	
pH		5.5～8.5	
化学需氧量/(mg/L)	≤	40[a]	250
总汞/(mg/L)	≤	0.001	
总镉/(mg/L)	≤	0.005[b]	0.01
总砷/(mg/L)	≤	0.05	
总铅/(mg/L)	≤	0.5[c]	0.10
铬(六价)/(mg/L)	≤	0.10	
氰化物/(mg/L)	≤	0.50	
石油类/(mg/L)	≤	1.0	
粪便大肠菌群/(个/L)	≤	40 000[d]	

a 采用喷灌方式灌溉的菜地应满足此要求。

b 白菜、莴苣、茄子、蕹菜、芥菜、苋菜、芜菁、菠菜的产地应满足此要求。

c 萝卜、水芹的产地应满足此要求。

d 采用喷灌方式灌溉的菜地以及浇灌、沟灌方式灌溉的叶菜类菜地时应满足此要求。

表 2-11　土壤中各项污染物的含量限值

项目		含量限值					
		pH＜6.5		pH＝6.5～7.5		pH＞7.5	
镉	≤	0.30		0.30		0.40[a]	0.60
汞	≤	0.25[b]	0.30	0.30[b]	0.50	0.35[b]	1.0
砷	≤	30[c]	40	25[c]	30	20[c]	25
铅	≤	50[b]	250	50[b]	300	50[d]	350
铬	≤	150		200		250	

注:本表所列含量限值适用于阳离子交换量＞5 mol/kg 的土壤,若≤5 mol/kg,其标准值为表内数值的半数。

a 白菜、莴苣、茄子、蕹菜、芥菜、苋菜、芜菁、菠菜的产地应满足此要求。

b 菠菜、韭菜、胡萝卜、白菜、菜豆、青椒的产地应满足此要求。

c 菠菜、胡萝卜的产地应满足此要求。

d 萝卜、水芹的产地应满足此要求。

表 2-12 部分农药的安全间隔期

序号	农药名称	安全间隔期	备注
1	2.5％溴氰菊酯	2 天以上	大田管理期,最多喷洒 2 次;整个无公害生长期,同一种农药只能使用 2～3 次,且要间隔使用。
2	20％灭扫利乳油	3 天以上	
3	甲氰菊酯乳油	3 天以上	
4	5％来福灵乳油	3 天以上	
5	64％杀毒矾	4 天以上	
6	多菌灵	5 天以上	
7	除尽	5 天以上	
8	安打	5 天以上	
9	77％可杀得	5 天以上	
10	50％农利灵	5 天以上	
11	10％氯氰菊酯乳油	5 天以上	
12	50％抗蚜威	6 天以上	
13	吡虫灵	7 天以上	
14	75％百菌清	7 天以上	
15	50％扑海因	7 天以上	
16	代森锰锌	7 天以上	
17	托尔克	7 天以上	
18	恶霉灵	7 天以上	
19	功夫乳油	7 天以上	
20	三唑酮	7 天以上	
21	70％甲基托布津	7 天以上	
22	10％马扑立克乳油	7 天以上	
23	35％优杀硫磷	7 天以上	
24	25％喹硫磷乳油	9 天以上	
25	速克灵	10 天以上	
26	地虫杀星	10 天以上	
27	50％溴螨酯乳油	14 天以上	
28	克螨特	15 天以上	
29	黑光灯	15 天以上	
30	青虫杀净	15 天以上	

3.无公害生产中不允许使用的农药

生产上不允许使用甲胺磷、甲基对硫磷、对硫磷、久效磷、磷胺、甲拌磷、甲基异柳磷、特丁硫磷、甲基硫环磷、治螟磷、内吸磷、克百威、涕灭威、灭线磷、硫环磷、蝇毒磷、地虫硫磷、氯唑磷、苯线磷等剧毒、高毒农药。

4.农药残留

农药残留是农药使用后一个时期内没有被分解而残留于生物体、收获物、土壤、水体、大气中的微量农药原体、有毒代谢物、降解物和杂质的总称。

施用于作物上的农药,其中一部分附着于作物上,一部分散落在土壤、大气和水等环境中,环境残存的农药中的一部分又会被植物吸收。残留农药直接通过植物果实或水、大气到达人、畜体内,或通过环境、食物链最终传递给人、畜。农残剥离器可以降解水果蔬菜表面的农药残留。

5.无公害蔬菜产品检测项目

检测是保证质量控制的最后环节,无公害蔬菜的主要检测项目有:重金属、农药残留、硝酸盐等(表 2-13 和表 2-14)。

表 2-13　无公害蔬菜农药最大残留限量控制标准

通用名称	英文名称	商品名称	毒性	作物	最高残留限量/(mg/kg)
马拉硫磷	Malathion	马拉松	低	蔬菜	不得检出
对硫磷	Parathion	一六零五	高	蔬菜	不得检出
甲拌磷	Paorate	三九一一	高	蔬菜	不得检出
甲胺磷	Methamedopos		高	蔬菜	不得检出
久效磷	Monocrotophos	纽瓦克	高	蔬菜	不得检出
氧化乐果	Omethoate		高	蔬菜	不得检出
克百威	Carbofuran	呋喃丹	高	蔬菜	不得检出
涕灭威	Aldicarb	铁灭克	高	蔬菜	不得检出
六六六	BHC		中	蔬菜	0.20
滴滴涕	DDT		中	蔬菜	0.10
敌敌畏	Diclhlorvors		中	蔬菜	0.20
乐果	Dimethoate		中	蔬菜	1.0
杀螟硫磷	Fenitrothin		中	蔬菜	0.50
倍硫磷	Fenthion	百治屠	中	蔬菜	0.05
辛硫磷	Phoxim	肟硫磷	低	蔬菜	0.05
乙酰甲胺磷	Acephate	高灭磷	低	蔬菜	0.20

续表 2-13

通用名称	英文名称	商品名称	毒性	作物	最高残留限量 /（mg/kg）
二嗪磷	Diazion	二嗪农、地亚农	中	蔬菜	0.50
喹硫磷	Quinalphos	爱卡士	中	蔬菜	0.20
敌百虫	Trichlophon		低	蔬菜	0.10
亚胺硫磷	Phosmet		中	蔬菜	0.50
毒死蜱	Chlorpyrifos	乐斯本	中	叶菜类	1.0
抗蚜威	Pirmicarb	辟蚜雾	中	蔬菜	1.0
甲萘威	Carbaryl	西维因、胺甲萘	中	蔬菜	2.0
二氯苯醚菊酯	Permettrin	氯菊酯、除虫精	低	蔬菜	1.0
溴氰菊酯	Deltamethrin	毒杀死	中	叶类菜	0.50
				果类菜	0.20
氯氰菊酯	Cypermethrin	灭百可、兴棉宝、赛波凯、安氯宝	中	叶类菜	1.0
				番茄	0.50
氰戊菊酯	Fenvalerate	速灭杀丁	中	块根类	0.05
				果菜类	0.20
				叶菜类	0.50
氟氰戊菊酯	Flucythrinate	保好鸿、氟氰菊酯	中	蔬菜	0.20
顺式氯氰菊酯	Alphacypermethrin	快杀敌、高效安氯宝、高效灭百可	中	黄瓜	0.20
				叶类菜	0.10
联苯菊酯	Biphenthrin	天王星	中	番茄	0.50
三氟氯氰菊酯	Cyhalothrin	功夫	中	叶菜类	0.20
顺式氰戊菊酯	Esfenvaerate	来福灵、双爱士	中	叶菜类	2.0
甲氰菊酯	Fenpropathrin	灭扫利	中	叶菜类	0.50
氟胺氰菊酯	Fluvalinate	马扑力克	中	叶菜类	1.0
三唑酮	Triadimefon	粉锈宁、百理通	低	蔬菜	0.20
多菌灵	Carbendazim	苯并脒唑 44 号	低	蔬菜	0.5
百菌清	Chlorothalonil	Danconi12787	低	蔬菜	1.0
噻嗪酮	Buprofezin	优乐果	低	蔬菜	0.30
五氯硝基苯	Quitozene		低	蔬菜	0.20
除虫脲	Difubenzuron	敌灭灵	低	叶菜类	20.0
灭幼脲		灭幼脲三号	低	蔬菜	3.0

来源：中华人民共和国国家标准 GB 18406.1—2001《农产品安全质量无公害蔬菜安全要求》和农业行业标准 NY 5003—2001。

表 2-14　无公害蔬菜重金属及有害物质限量控制标准

项目		指标/（mg/kg）
铬（以 Cr 计）	≤	0.5
镉（以 Cd 计）	≤	0.05
汞（以 Hg 计）	≤	0.01
砷（以 As 计）	≤	0.50
铅（以 Pb 计）	≤	0.20
氟（以 F 计）	≤	1.00
亚硝酸盐（以 NaNO₂ 计）	≤	4.00
硝酸盐		600（瓜果类蔬菜）
		1 200（根茎类蔬菜）
		3 000（叶菜类蔬菜）

来源：中华人民共和国国家标准 GB 18406.1—2001《农产品安全质量无公害蔬菜安全要求》。

● 复习思考题

一、名词解释

无公害蔬菜　蔬菜的安全间隔期　绿色蔬菜　有机蔬菜　农药残留

二、选择题

1. 我国的绿色食品分为（　　）。

A. A 级和 B 级　　　　　　B. A 级和 AA 级　　　　　　C. AA 级和 AAA 级

2. 无公害农产品产地认定证书有效期满，需要继续使用的，产地认定证书持有人应当在有效期满（　　）日前按照《无公害农产品产地认定程序》的有关规定重新办理。

A. 30　　　　　　　　　　B. 60　　　　　　　　　　C. 90

3. 无公害农产品认证证书有效期为（　　）年。

A. 一年　　　　　　　　　B. 两年　　　　　　　　　C. 三年

4. 无公害农产品认证证书有效期满，需要继续使用的，应当在有效期满（　　）日前按照《无公害农产品认证程序》，重新办理。

A. 30　　　　　　　　　　B. 60　　　　　　　　　　C. 90

5. 无公害农产品生产对基地土壤检测（　　）项目。

A. 汞、铅、镉、铜、砷及六六六、滴滴涕等残留量

B. 汞、铅、镉、铬、砷及六六六、滴滴涕等残留量

C. 汞、铅、镉、铁、砷及六六六、滴滴涕等残留量

6. 无公害农产品生产对基地大气检测（   ）项目。

A. TSP、二氧化硫、氮氧化物、氟化物

B. TSP、二氧化硫、氮氧化物、H_2

C. TSP、二氧化硫、氮氧化物、O_2

7. 目前无公害农产品主要检测（   ）有害物质。

A. 重金属、农药残留、硝酸盐和亚硝酸盐

B. 重金属、农药残留、硝酸盐和有害微生物

C. 重金属、农药残留、亚硝酸盐和有害微生物

8. 实行蔬菜市场准入制度后,有害物质超过国家规定安全标准的蔬菜由（   ）部门负责查封扣押并进行无害化销毁处理。

A. 环保   B. 农业   C. 工商

9. 实行蔬菜市场准入制度后,进入市场经营的农产品必须经（   ）农业行政主管部门登记备案,取得许可。

A. 市级   B. 县级   C. 所在地

10. 实行蔬菜市场准入制度后,进入市场经营的农产品必须是经过（   ）的无公害农产品。

A. 认证   B. 检测   C. 登记

11. 无公害农产品施肥应以有机肥为主,化肥为辅,允许有条件（   ）使用化肥,最大限度地保持农田土壤养分平衡和土壤肥力的提高,减少肥料成分的过分流失对农产品和环境造成的污染。

A. 少量   B. 限量   C. 大量

12. 无公害农产品生产中,禁止和限量施用（   ）肥和含硝态氮的复合肥、复混肥。

A. 硝态肥   B. 硝酸磷肥   C. 化肥

13. 在无公害农产品的施肥中,化肥必须与有机肥配合施用,有机氮与无机氮的比例以（   ）最好。

A. 1∶1   B. 1∶2   C. 2∶1

14. 农药在某种农副产品中的残留量超过了（   ）,即为农药残留超标。

A. 最高残留限量   B. 最低残留限量   C. 残留限量

15. 蔬菜最后一次施药距收获期的时间越短,农药残留量越（   ）。

A. 少   B. 低   C. 高

16. 无公害蔬菜上农药残留的来源主要有直接喷洒的农药和从（　　）中吸收的农药。

　　A. 土壤　　　　　　　　　B. 水　　　　　　　　　C. 空气

17. 国家明令禁止使用的农药有（　　）。

　　A. 六六六、滴滴涕、BT

　　B. 艾氏剂、狄氏剂、汞制剂

　　C. 毒杀芬、杀虫脒、粉锈宁

18. 不得用于蔬菜上的农药有（　　）。

　　A. 呋喃丹、甲基对硫磷、乙膦铝

　　B. 3911、久效磷、地蛆净

　　C. 甲胺磷、1605、1059

19. 对果菜类，如黄瓜、番茄、西葫芦、茄子等连续采摘、连续生长的蔬菜，可采用（　　）栽培，来直接阻隔农药污染，使果实达到无公害标准。

　　A. 无土　　　　　　　　　B. 套袋　　　　　　　　C. 营养

20. 溴氰菊酯在无公害蔬菜的每个生长季喷雾最多使用（　　）次。

　　A. 2　　　　　　　　　　B. 3　　　　　　　　　　C. 4

21. 根据《无公害农产品管理办法》的规定，无公害农产品产地认定工作由（　　）农业行政主管部门负责组织实施。

　　A. 县级　　　　　　　　　B. 市级　　　　　　　　C. 省级

22. 无公害农产品管理工作，由政府推动，并实行（　　）和（　　）的工作模式。

　　A. 基地环评和产地认定

　　B. 产地认定和产品认证

　　C. 基地环评和产品认证

23. 无公害农产品产地应当具备（　　）的生产规模。

　　A. 较大　　　　　　　　　B. 一定　　　　　　　　C. 相当

24. 在无公害农产品认证证书有效期内生产超范围的产品品种的，应当向（　　）无公害农产品认证机构办理认证证书的变更手续。

　　A. 市级　　　　　　　　　B. 省级　　　　　　　　C. 农业部

25. 无公害蔬菜的生产基地最好（　　）年轮作一次。

　　A. 1～2　　　　　　　　　B. 2～3　　　　　　　　C. 3～4

● **参考文献**

[1] 农业大辞典编辑委员会.农业大辞典.北京:中国农业出版社,1998.

[2] 武志杰,梁文举,姜勇,董家耕.农产品食品安全生产原理与技术.北京:中国农业科学技术出版社,2005.

[3] 农业部.全面推进"无公害食品行动计划"的实施意见.

项目三　食用菌生产

● **知识目标**

　　了解食用菌的基本形态特征、食用菌栽培发菌期与出菇期的管理技术；掌握食用菌栽培培养料的配制技术；学习食用菌栽培培养料的装袋与灭菌技术。

● **能力目标**

　　根据形态特征能识别食用菌的不同种类；能制定食用菌生产工作计划；掌握各生产环节的技术要点；会处理生产管理中出现的技术问题。

● **知识准备**

　　1. 食用菌的形态

　　食用菌是由菌丝体和子实体两大部分组成,有的在菌丝体和子实体阶段之间还形成菌核和菌索。

　　(1)菌丝体　菌丝体呈丝状,是由各种繁殖体(孢子)萌发而成,是食用菌的营养器官。其常在培养基质内,它的基本功能是分解基质,吸收营养。

　　菌丝个体在光学显微镜下多数为无色透明,当众多菌丝聚集在一起时,多数呈白色和乳白色,但也有少数种类呈现不同的颜色,常见的有褐色、肉色、黄色、粉红色、黑色等。

　　(2)子实体　在食用菌中,人们通常把食用的部分称之为子实体,也是产生有性孢子的器官。其形态丰富多彩,有伞状(蘑菇、香菇)、贝壳状(平菇)、漏斗状(鸡油菌)、舌状(牛舌菌)、耳状(木耳)和花瓣状(银耳、血耳)等。

　　伞菌的子实体,通常由菌盖、菌褶、菌托、菌环、菌柄组成(图3-1)。

　　菌环:有些食用菌在幼小时,菌柄和菌盖之间有一包膜相连,子实体长大时,该膜破裂,一部分留在菌盖的边缘,一部分残留于菌柄上,留在柄上的称为菌环。

　　菌托:有些伞菌(如草菇)幼年时,其菇蕾的外边包着一层膜。菇蕾长大,菌柄延长,则外膜被撑破,留在菌柄基部的残膜即称之为菌托。

菌盖:是食用菌的主要食用部位,也是食用菌的主要繁殖器官。

菌盖的形态千差万别,大部分食用菌呈伞状,大致有圆形、钟形、半球形、斗笠形、匙形、扇形、漏斗形、喇叭形、浅漏斗形、圆筒形、马鞍形等(图3-2)。

菌盖的颜色也是多种多样。大致可分为白、黄、灰、褐、绿、红、紫、黑等几大基本色调,如草菇的菌盖为灰色,口蘑的菌盖为白色,金针菇为黄色等。

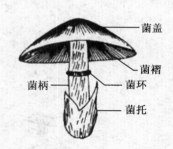

图 3-1　食用菌子实体模式图
(引自张金霞主编《新编食用菌
生产技术手册》,2000 年)

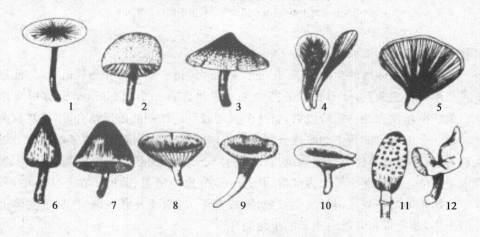

图 3-2　菌盖形状
1.圆形　2.半球形　3.斗笠形　4.匙形　5.扇形　6.圆锥形　7.钟形
8.漏斗形　9.喇叭形　10.浅漏斗形　11.圆筒形　12.马鞍形
(引自张金霞主编《新编食用菌生产技术手册》,2000 年)

菌肉是菌盖表皮下的肉质部分,也是最有价值的食用部分。大部分为白色,肉质,易腐烂;少数为蜡质、胶质或革质。

2.食用菌的生活史

食用菌一生所经历的生活周期,即由孢子萌发,经菌丝体到产生第二代孢子的整个发育过程(图3-3)。

担孢子→担孢子萌发→初生菌丝(单核菌丝)→次生菌丝(双核菌丝)→子实体

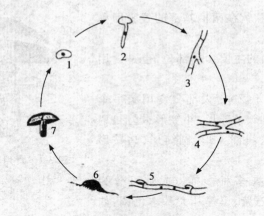

图 3-3　食用菌生活史

(引自张金霞主编《新编食用菌生产技术手册》,2000 年)

原基→担孢子的生活循环过程。

　　食用菌子实体所产生的孢子,在自然界广为传播。当温度和条件适宜时,便逐步发芽形成初生菌丝,此时菌丝的每个细胞中只含有一个细胞核,故又称单核菌丝。单核菌丝发育到一定阶段后,由两个相同或不同性别的菌丝结合,形成双核菌丝。每一个细胞内的两个细胞核分别来自不同细胞。双核菌丝通过锁状联合分裂生长,最后在适宜条件下互相扭结成团,发育成子实体的胚胎——原基,进一步发育成子实体。而后逐渐长大为菌蕾,并进一步分化为菌盖、菌柄。在子实体中,只有子实层中的某些双核菌丝发生核配,形成孢子,当孢子发育成熟时,从子实体上弹射出来,才能重新开始一个新的生命循环。

　　3.食用菌生长发育所需要的条件

　　(1)营养的要求　　食用菌生长的营养物质主要包括碳素、氮素、矿质元素和生长素。碳素的营养主要来源于木材、木屑等,其富含纤维素、半纤维素、木质素;氮素来源于麦麸、米糠、豆饼粉、玉米粉、尿素等。在配制培养料时,要掌握好碳素与氮素的比例。食用菌的栽培料中还需要微量的磷、钙、镁、钾、锌、钼等矿质元素,这些矿质元素一般在培养料中就有。另外,食用菌生长发育中还需要一定量的维生素,如维生素 B_1、维生素 B_2、维生素 B_6 等,在马铃薯、米糠等物中含量较多。

　　(2)温度的要求　　温度是食用菌栽培中的一个重要条件。不同的食用菌对温度有不同的适应范围。同一种食用菌,在其不同的生长阶段和不同的品种上温度的要求也不一样。如大部分食用菌,对温度有前高后低的要求。不少食用菌还具有变温结实的特性即在子实体分化期间,要求有一定的昼夜稳产温差,能促进其分化,提高产量。

(3)湿度的要求　食用菌培养料中的含水量以 60%～70% 为宜。空气的相对湿度在菌丝体培养阶段要求略低于子实体阶段,在子实体期间要求 80%～90% 的高湿环境。因此,出菇期间要注意勤喷水,以增加场所的空气相对湿度,满足子实体生长的需要。

(4)酸碱度的要求　食用菌必须在适宜的酸碱环境下生长发育,大部分食用菌喜在偏酸的条件下生长。但不同种类的食用菌对酸碱度要求是不同的。因此,在配制培养基时,大多数都是喜欢微酸性或酸性的培养基质,适宜菌丝生长的 pH 多在 3～8,当 pH 值大于 7 时,多数食用菌菌丝生长受阻。

(5)光照的要求　食用菌的菌丝在生长发育阶段,多数不需要光线,适宜在黑暗的条件下生长,而在出菇时期却需要一定的散射光。如此时没有适量的散射光,就不能出菇或发生畸形菇。

(6)空气的要求　大部分食用菌均为好气菌,要求有较好的通气条件,菌丝体生长阶段,对空气的要求低于出菇阶段。因此,要经常注意菇房的通风换气,保持空气清新。在通风换气时务必注意温度变化和对空气相对湿度的影响,科学管理,协调统一,千万不要顾此失彼。

4.食用菌生产常用的生产设备(图 3-4 至图 3-7)

由于科技的发展,越来越多的机器设备应用于食用菌生产当中,配料常用的设备有:饮片机、粉碎机、过筛机、搅拌机、装袋机;灭菌设备有:高压蒸汽灭菌锅、常压灭菌灶和灭菌箱等;菌种培养设备有:恒温培养箱和培养架等。

图 3-4　装袋机

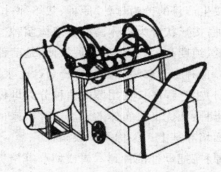

图 3-5　搅拌机

(引自戴希尧、任喜波主编《食用菌实用栽培技术》,2015 年)

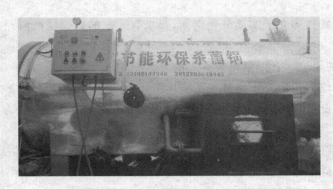

图 3-6　高效节能环保杀菌锅

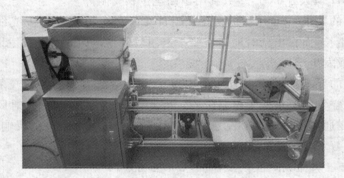

图 3-7　数控装袋机

5.菌种的类型

按生产目的分为母种、原种、栽培种;按使用目的分为保藏菌种、实验菌种和生产菌种;按形状分为固体菌种和液体菌种。其中液体菌种制种时间短、发酵率高、成本低、纯度高、污染少和接种方便,是菌种生产的一个发展方向。

6.菌种生产程序及菌种生产的注意事项

(1)生产程序　食用菌的菌种分为母种、原种、栽培种三种。

母种:从优良子实体上分离选育出来的第一级菌种。多数生长在玻璃试管中的斜面培养基上。又称第一级菌种。

原种:把母种接种到木屑或稻草等培养基上进行培养繁殖后的菌种。又称二级菌种。

栽培种:把原种移接到同样的培养基上再扩大一次的菌种。又叫三级菌种,可直接用于栽培生产。

各级菌种生产程序如下：

$$原种培养基 \xrightarrow{\text{灭菌}} 接种 \xrightarrow[\text{灭菌}]{\text{培养}} 原种$$

$$\downarrow$$

$$栽培种培养基 \longrightarrow 接种 \xrightarrow[\text{培养}]{} 栽培种$$

（2）菌种生产注意事项

①引进母种应注意的事项。引种时一定在正规的、信得过的科研单位和菌种生产厂家引进，菌种质量才有保障；要明确菌种的特征特性，适宜出菇的温度范围，做到心中有数，适时投料播种；引进菌种后，一定要作出菇试验，检验菌种的适应性，确保规模生产时万无一失；有些品种在冰箱中保藏后，需转管复壮后再扩接原种。

②培养料配方要科学合理。无论是生产原种还是栽培种，原辅料的比例一定要准确无误，培养料的碳氮比值一定要合理，特别是要控制氮元素的比例不能超标。否则，装瓶装袋后，游离氨在瓶、袋内无法排除，菌丝将无法定植生长，导致菌种生产失败。

③灭菌要彻底，接种应无菌。菌种培养基用常压灭菌应在 $100\ \text{℃}$ 温度下保持 $8\sim10\ \text{h}$，高压灭菌要达到 $1.5\ \text{kg/cm}^2$ 后保持 $1.5\ \text{h}$ 以上。接种时，应严格按照在无菌条件下操作的要求进行。

④发菌阶段应控制料温。高温季节生产菌种，自然气温高，在常规条件下培养发菌，控制料温升高是至关重要的一环。

7.菌筒的补水方法

有打洞浸筒法补水、喷雾法补水、滴灌法补水、注射法补水、滴灌。

8.菌种的保藏

菌种是重要的生物资源，也是食用菌生产首要的生产资源。一个优良菌种选育出来以后，必须保持其优良性状不衰退、不污染杂菌、不死亡，因此保藏好菌种对生产有十分重要的意义。

常用的菌种保藏法有琼脂斜面低温保藏法、液状石蜡保藏法、麦粒保藏法、锯末保藏法、滤纸保藏法、常温保藏法等。

9.食用菌的常用保鲜技术

常用的保鲜方法有简易包装保鲜法（蘑菇、香菇、金针菇、平菇等）、冷藏保鲜（适用于高档菇类）、低温气调保鲜、辐射保鲜和化学药物保鲜（香菇、金针菇、草菇等）。

10.现食用菌的主要栽培品种

香菇：辽抚 4 号、早丰 8 号、808 等。

滑菇：c3-1、丹滑 16、丹滑 17 等。

黑木耳：黑 29、黑 3、黑 15 等。

平菇：辽平 8 号、650、615 等。

杏鲍菇：杏鲍菇 1 号、杏鲍菇 2 号、杏鲍菇 3 号、焦科 2 号等。

任务一　香 菇 生 产

【知识目标】

了解香菇形态特征；重点掌握香菇的转色技术；熟悉香菇养料的配制及各生长期的管理技术要点。

【能力目标】

会制订香菇生产计划；能进行香菇生产代料栽培；能处理香菇生产管理中出现的技术问题。

【学习内容】

一、形态特征

香菇由菌丝体和子实体两大部分组成，香菇的子实体又由菌盖、菌褶和菌柄三部分组成（图 3-8）。

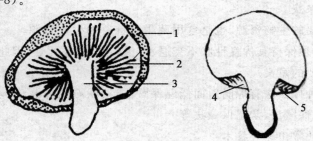

图 3-8　香菇的形态

1.菌盖　2.菌褶　3.菌柄　4.褶室　5.菌膜

（引自王立泽等主编《食用菌栽培》，1985 年）

二、生产操作流程

我国香菇 80％以上由塑料袋栽培生产,因此本书主要介绍塑料袋栽香菇技术(图 3-9)。

塑料袋栽香菇工艺流程图:

原料配制→拌料→装袋 $\overset{\text{手工装袋}}{\underset{\text{机装}}{\longrightarrow}}$ 灭菌

↓

菌筒转色←脱袋排场←开口←打穴接种

↓

变温催菇→出菇管理→采收→复菌管理

图 3-9　吊袋香菇栽培模式图

三、生产操作要点

(一)原料配制

1.配料(表 3-1)

表 3-1　配料

序号	配料
配方一	杂木屑 78％、麦麸 18％、玉米粉 2％、石膏粉 2％,水适量。
配方二	杂木屑 78％、麦麸 19％、糖 1％、石膏 1.5％、尿素 0.2％、过磷酸钙 0.3％、水适量。
配方三	杂木屑 80％、麦麸或细米糠 18％、碳酸钙或熟石膏粉 2％(适宜不脱袋层架式栽培培育花菇)。
配方四	玉米芯(粉碎过筛)60％、木屑 20％、麸皮 18％、石膏 1％、糖 1％、水适量(适宜鲜香菇栽培)。
配方五	木屑 63％、棉籽壳 20％,麸 15％、糖 1％、石膏 1％、水适量(适宜鲜香菇栽培)。

以上配方中,水的用量依料的干度、木屑种类、粗细和气温高低略有不同,但一般用量为干料总量的 1.3～1.5 倍,即 100 kg 干料加水 130～150 kg。

2.拌料

根据当地条件,选用一种配方,称料。将木屑、麸皮、石膏粉在拌料场干拌混匀,将糖和化肥溶于水中,再与干料混匀,而后用清水加至适量。最好用搅拌机拌料。人工拌料时必须反复翻拌 4～6 遍,以保证干料吸水均匀。

（二）装袋

常用的栽培香菇专用薄膜筒有聚丙烯、高压聚乙烯和低压聚乙烯三种。各地可根据自己的情况，选择不同规格的塑料筒料，截成长 50～55 cm 的袋子，在装料前把一端先封口，用线扎口，用火融封。

装袋的方法有机装和手工装袋。

1. 机装

装袋：拌好的培养料添进料斗后，用一端开口的塑料袋套在装袋机出料口的套筒上，左手紧握袋，右手托住袋底往内用力推压，使入袋内的料达到紧实度，此时托袋的右手顺其自然后退，当料装至离袋口 6 cm 处时，料袋即可退出，并传给下道扎口工序（图 3-10）。

扎口：采用棉纱或撕裂袋扎口。操作时，先增减袋内培养料，使之达到 2.1～2.3 kg（袋的规格是 15 cm×55 cm）。继之，左手抓袋，右手提袋口薄膜，左右对转，使料紧贴，不留空隙，然后把粘在袋口上的木屑清掉，纱线捆扎口三四圈后，再反折过来扎三圈，袋口即密封（图 3-11）。袋口一定要扎紧，防止透气感染杂菌。拌料至装袋结束，在 4 h 内完成。

图 3-10　装袋机装袋

图 3-11　手工封袋

2. 手工装袋

装袋方法：用手把料装入袋内 1/3 时，把料袋提起在地面上轻轻蹲几下，让料落实，再用拳起的四指将料压实，质量标准及其他工序同机装。

装袋操作时，要注意以下几点：

第一，无论是机装还是手工装袋，松紧度标准：以五指抓袋料，中等用力有微凹为宜，手拿料袋明显凹陷，两端下垂，培养料有明显断裂痕，说明太松，若手用力捏而过分硬实说明偏紧。

第二,为了保证成品率,装锅灭菌时先用菌筒浸水法检查。方法是菌筒装料后,浸入水中 7～8 s,如有破洞,水渗入后培养料颜色变深。破洞口用干净的布擦去水后立即贴上胶布。

(三)灭菌

1.装锅

在灭菌时,装锅方法直接影响到灭菌效果,装锅方法分为以下两种。

(1)锅仓内打架分层排放(或筐装),每层摆放 4～5 袋,袋与袋之间不要紧贴,每层架间稍留有空隙,锅仓壁四周保留 3～5 cm 距离,便于蒸汽上下运行,没有死角,使温度均匀。

(2)不设层架,井字形排列,锅仓装满为止。

2.灭菌

培养基灭菌有高压蒸汽灭菌和常压蒸汽灭菌,目前生产中一般采用常压灭菌法。常压灭菌,灭菌温度要求 100℃,持续 10～12 h,火力要求"攻头、保尾、控中间"。即灭菌开始时,火力要猛,锅仓不能漏气,使温度在 4～5 h 内迅速上升到100℃。恒温时间的长短,要根据装锅方法和装袋多少而灵活掌握。容量在 1 000袋以内,灭菌 8～10 h,采取打架分层排列法,锅仓内的蒸汽能正常均匀地上下运行;装量在 1 000 袋以上 2 000 袋以下,灭菌 12～14 h。所谓的灭菌时间,是指保持 100℃,中途不停火,不降温。锅内水量不足时,要加热水防止干锅,灭菌后,待锅内温度降至 60℃以下出锅,料袋出锅要小心搬运,防止损伤,并要在消毒处理的培养室或干净清洁的屋内井字排放冷却。

(四)打穴接种

接种量少时,可在无菌箱内接种;大量的袋料筒接种宜在无菌室中进行。

1.菌种预处理

认真挑选无杂菌,长势旺的菌种,用消毒药液清洗菌种瓶。接种前要注意把菌种处理好。办法是用棉花蘸取酒精擦洗菌种瓶进行消毒,擦洗时先瓶内后瓶外,再把表面老化的菌种挖出,然后用 12 cm×12 cm 的、经75％酒精浸泡过的塑料薄膜罩上,并用橡皮筋扎紧或把棉塞在酒精灯火焰上烘烧片刻后再塞上。菌种处理后应马上使用,这样可以减少杂菌污染。

2.无菌室的消毒

把菌筒、接种工具,经处理过的菌种搬到无菌室后把门窗密闭,用甲醛、来苏儿溶液喷雾,然后每立方米用高锰酸钾 14 g、甲醛 13～17 mL 进行熏蒸消毒。

无菌室的消毒,也可以用双氧水加紫外线灯消毒法。使用方法是将接种室打扫干净,接种室的空间和地面四周先用1‰~3‰的双氧水喷雾,然后搬进灭菌好的菌筒、接种工具和已经处理好的菌种,再用双氧水空间喷雾,最后启动紫外线灯,灭菌20~30 min,关闭紫外线灯,停10~20 min后进行接种。

3.打穴

先擦去袋面残留物,在袋面等距离处用打洞器打3个接种穴,再翻至背面错开打2个接种穴。穴的口径大小为1.5 cm,深2 cm。

4.接种

无菌室和缓冲间要安装30 W紫外线灯一支,在接菌前,采取上述的药剂灭菌后,再用紫外线灯灭菌30 min,要采取边打穴、边接种、边封口。接种时,菌种瓶口要始终用酒精灯焰封住,用接种器在菌瓶内提出菌种,迅速地通过酒精灯焰区,把菌种接入穴内。继之,把剪好的3.25 cm×3.25 cm的胶布贴封穴口,菌种要接足量,并要微凸,胶布要贴在穴中心,四边等宽、粘牢。一般每瓶菌(500 g菌瓶)可接20袋左右。一批接完后,要开门窗换气30~40 min,再接第二批重新灭菌。有条件可以采用新的灭菌接种技术:室内悬挂一台消毒器,打开定时开关,根据接菌室的大小,灭菌30~60 min,即可接菌,此法省工省时,无异味无刺激,可采用先打穴套袋法,不贴胶布。

接种时要注意以下几点:

第一,接种人员一定要干净,工作服等应经常洗晒熏蒸,双手和用具都要用75%的酒精消毒,并且要严格按无菌操作要求进行。

第二,培养室大,灭菌量小,可采用无菌室接种。没有专用的无菌室,可以在房间的一角用宽幅薄膜制成小房间代替,要求设有缓冲间,封闭后不能与外界空气流通交换。

(五)菌丝培养

接种后,菌袋要及时移入温度为25~27℃的发菌室内排放。

1.菌袋的堆叠方式

平地堆叠法:按井字形横直交叉,前期每行排4袋,依次重叠10层,计40袋为一堆,一般15 m²可堆摆1 200袋左右(图3-12)。摆袋时,菌袋的接种穴应朝向侧面,防止上下袋压住菌穴影响透气,造成闷种。

起架摆放养菌法:可根据架层间距离的大小,每层摆三四层袋,起架摆袋,由于室内菌袋密度大,一开始摆袋就要三袋横直交叉,以利于通气和防止堆温超标。

2.温度管理

前1周室温应控制在27℃,使袋内培养料的温度低于室温,过7天,应把室温降至25℃左右。通常1周左右,袋内菌丝已经萌发,大量生长,产生的热量越来越大,所以发菌室温度前期控制在 28℃以下,后期控制在 25℃以下。若温度高于上述温度,要及时打开门窗通风。

图 3-12 井字形叠放法

3.湿度控制

空气湿度控制 60%～70%,以防止杂菌污染。

4.加强通风换气

接种后 7～10 天内不必通风,以后根据发菌情况逐渐延长加大通风量,并且在种穴发菌直径达 8～10 cm 时,可以松动菌种枝条,帮助进气,当种穴与种穴菌丝相接后可分 2～3 次拔掉种穴上的枝条,促菌快发。

5.翻堆与杂菌防治问题

杂菌:指生长在菌床或段木等培养料中,而不侵染食用菌菌体的菌类。

第 1 次翻堆于接种后 7～10 天内进行,以后每隔 10 天左右翻堆 1 次,并结合翻堆搞好杂菌防治工作,主要是防治木霉和链孢霉菌,尤其当发现链孢霉菌时要及时剔除隔离。

6.暗光养菌

菌丝培养宜暗光,避免强光照射培养室(图 3-13),如果光线强,菌袋内壁形成雾状,表明基内水分蒸发,会使菌丝生长迟缓,后期脱袋出现脱水,而且菌袋受强光刺激,原基早现,菌丝老化,影响产量。

图 3-13 暗光培养室

（六）脱袋、转色

1. 脱袋管理

当菌袋在室内培养到 60 天左右，便进入野外脱袋阶段。

菇场选择：香菇子实体生长的场所简称菇场。菇场条件的好坏，直接影响香菇生产的产量和质量。选择菇场要注意位置、地势、通风、水源、交通等条件。较理想的菇场应选在向阳，地势较高，排水良好，灌水方便，通风换气好又易保湿，兽、鼠、蚁、虫危害少，运输方便，便于管理的地方。

菇棚的选择：除提供香菇栽培以外，还要具备利用草帘等添减覆盖物来调节温度、光照和湿度的条件。

2. 脱袋转色

脱袋：即菌丝长透培养料后脱去薄膜，一般来说在接种 60～70 天就可以脱袋。脱袋最好在气温 22℃以下，无风的晴天或阴天进行，要边脱袋，边排筒，边盖膜。脱袋的菌筒由"裹膜"到"露体"，需要一个适应的过程，否则菌丝易受损伤。对局部被污染的菌袋，在脱袋时，只割破未污染部位的薄膜，把污染部位的薄膜留住，防止杂菌孢子蔓延。若是污染部分大，可把污染部分砍掉，把无污染的部分接起来，一般 3～4 天可形成菌筒。

具体做法：把全部菌袋运到室外菇场内，用刀片沿着菌筒纵向把薄膜割破，剥去薄膜。把菌筒排在菌筒架上，菌筒与地面成 70°～80°角，每行排 7～8 筒。然后覆盖薄膜，薄膜周围用泥块或石块压实，使薄膜内形成适合菌丝体迅速生长的小气候。膜内的温度控制在 15～20℃，空气相对湿度 85%～90%，保持 5～6 天。当菌筒表面长满浓密的白色菌丝时掀开薄膜以降低湿度，增加光照来控制菌丝体的生长。每天掀开薄膜 1～2 次，直到菌筒表面形成一层褐色的菌膜为止。

3. 转色期间管理

香菇菌筒转色是香菇栽培管理工作的关键一环，转色的色泽和厚薄对香菇产量和质量有直接影响。当然转色也是香菇菌丝发育的自然生理变化，只要条件符合，时机成熟，菌筒转色便会自然发生。进入转色期的标志：菌筒表面 2/3 以上已经形成瘤状物，并且瘤状物开始由大变小，由硬变软，个别部位开始转棕色。转色温度要控制在 15～22℃为宜，低于 12℃或高于 28℃，均会造成转色困难。

菌筒转色期的常见问题：

第一，菌丝不倒伏。由于通风不好，空气相对湿度偏大，营养过于丰富，容易造成菌丝一直生长，不倒伏。此时应加大通风量，中午气温高时揭开薄膜通风 0.5～1 h，促使菌丝倒伏。

第二，菌筒表面瘤状菌丝脱落。由于脱袋太早，或生理期未成熟，第二天菌筒表面瘤状菌丝脱落。解决办法:控制温度在 25℃ 以下,适当喷水与通风,菌丝会逐渐转色。

第三,菌筒脱水过多。当菌筒排场后,重量明显减轻,或是用手触摸菌筒有刺感,说明菌筒脱水较多,会造成不转色。解决办法:可加大湿度,给菇床罩上薄膜,多喷水,使空气湿度保持在 85%～95%。

（七）出菇管理

菌筒在室内完成转色过程,一般需要 60～80 天的时间,而出菇管理指菌筒转色到采收结束的管理,这期间的管理可分为催蕾、出菇、采收等。

1. 催蕾

增大温差。转色好后,白天把菇床的薄膜盖紧,这样膜内温度比气温高出 3～4℃。夜里揭膜降温,也可在清晨揭膜。这样温差可达 10℃ 左右。连续 3～5 天,可促进原基形成。

调节好菇床内的温度。温度过高,要注意加强通风,特别是遇到气温高于 25℃ 时,菌筒容易长杂菌,要敞开菇床的两头薄膜,不必密封。

防治杂菌感染。催蕾阶段,对转色不全的菌筒,因温度高、湿度大、通风不良,容易引起杂菌侵染。注意调节好温度、湿度和加大通风量,并把被杂菌污染的菌筒集中在一起挖去杂菌部分,再用浓度为 50% 的多菌灵 500 倍液喷洒。对菌筒转色较好,但因湿度大、通气不良的菌筒表面长杂菌,可用清水冲洗,后喷 0.2% 的多菌灵,而后让其自然干燥。

2. 出菇

出菇阶段,温度控制在 14～17℃。子实体形成初期空气相对湿度要保持在 90% 左右,菇蕾发育分化出菇柄后,空气相对湿度应控制在 80%～85%。水分管理,以轻喷勤喷"空气水"为原则,如天气潮湿,气温低,可少喷或不喷,转潮阶段,停止喷水几天,促进菌丝恢复生长。注意香菇子实体生长阶段氧气需求量较大,应经常通风换气,保持空气新鲜,同时需要一定的散射光。

（八）采收

香菇的采收时期是以菇盖开伞程度来掌握的,一般花菇六成开始采收,厚菇以七至八成开伞,即所谓的"铜锣边"开始采收,如遇雨天可适当提前采收。总之要赶在散粉(弹射孢子)前采收。采收时不留菇根,采收后以干菇形式出售的,要及时烘干。

（九）复菌期管理

香菇每采收完一茬,菌袋要休养 7 天,使菌丝恢复生长,让菌丝积累一定的养分,这一阶段称为间歇养菌。

养菌的方法:在原菇棚里进行,不要翻动菌袋;光线要暗,遮七八成阴。把菇棚温度提高到 24~26℃,湿度保持在 75%~85%;加大通风换气,增加氧气,防止杂菌感染,一般养菌需 7~10 天,并及时补水。

（十）保鲜

鲜香菇的保鲜多采用冷库冷藏法和塑料袋包装保鲜法。

为了延长保鲜时间,常用适宜浓度的食盐水或抗坏血酸、柠檬酸等为主的食品添加剂配成的溶液进行处理,然后捞起晾干。

1. 冷库冷藏保鲜

经过药剂处理的鲜香菇,晾干后移入 1~4℃ 的冷库中预冷,继续降温排湿,而后将经过处理的香菇进行分级包装。

一般冷藏温度控制在 0~10℃,贮藏时间为 7~20 天。在 4~5℃时可贮藏半个月左右。

2. 密封包装冷藏保鲜

鲜香菇经过精选、修整后,把菌褶朝上装入塑料袋中,于 0℃左右保藏,一般可保鲜 15 天左右。20℃以下保藏,可保鲜 5 天左右。

【知识链接】

1. 花菇

花菇是生长在低温干燥环境中的香菇,菌盖上表皮裂开,露出白色的菌肉,状如花纹而得名。花菇是香菇的珍品,在香菇的商品流通中,花菇质优价高,很受欢迎。

2. 花菇发生的过程(图 3-14)和形成机理

在特殊的气候条件下表里细胞分裂生长的不同步形成花菇菌盖表层龟裂的特有花纹。

(1)空气湿度是花菇形成的关键因素。适宜香菇正常生长的空气相对湿度为 85%~90%,保持 70%~75% 的空气湿度,调节适宜温度,促其形成优质花菇。

(2)适宜的温差有利于提高花菇的质量,拉大温差可以促进香菇原基形成和提高花菇的产量水平。温度低,子实体生长缓慢,但组织紧密,菇肉厚,品质好。在这时加大的温差和光照刺激,有利于提高花菇的产量和质量。

(3)适度的光照是香菇子实体生长和花菇形成的重要条件。光照是香菇子实体生长所必需的,阳光中的紫外线对菇木表面和菇体表面有杀菌防病的作用。通常出菇期对菇棚光照的要求是三分阳七分阴,对花菇的生长,气温在 15℃左右,子实体生长旺盛,而白色纹理不深时,还可加大光线刺激,因此,在冬春季适当增加日照时间,培育花菇。

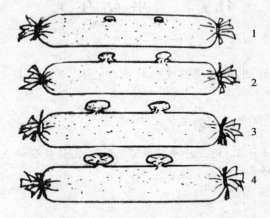

图 3-14　花菇形成过程

1.出现菇蕾(1～1.5 cm)　2.开穴露蕾(1.5～2 cm)　3.菌盖表皮初裂,

形成纹理　4.菌盖裂纹增多加深,纹理增白,花菇形成

(引自蔡衍山主编《食用菌无公害生产技术手册》,2003 年)

【问题讨论】

1.香菇代料栽培的优势

(1)代料栽培培养料可多种多样,如棉秆、棉籽壳、玉米秆、玉米芯等均可栽培,而段木栽培只能利用菇树的枝干。

(2)代料栽培产量高,生长周期短,大约 1 年可以完成全过程;而段木栽培需要 3～5 年才能完成。

(3)代料栽培城乡均可进行;而段木栽培多在偏僻山区进行。

(4)代料栽培可保护生态环境,缓解菌林危机。

2.当前代料栽培香菇中的突出问题

(1)当前我国菌种市场管理混乱,生产无序、销售无序、自发性强,有时劣种冲击市场,造成增产不增收,资源浪费比较严重。

(2)生料栽培虽可大大降低成本,但杂菌污染严重。所以,在代料栽培中选择优良品种,筛选经济有效的抑菌培养基配方,是香菇代料栽培中有待解决的一大问题。

(3)在代料栽培中,其产品质量方面虽比过去有提高,但其在口感、香味和菌肉厚度等方面还是不如段木栽培,此问题还需进一步研究。

任务二 平菇生产

【知识目标】

　　熟悉平菇形态特征;掌握平菇发酵料栽培技术、平菇袋栽过程及各生长期管理要点。

【能力目标】

　　会制定平菇生产计划;能进行平菇袋栽、床栽、发酵料栽培生产;能处理平菇生产管理中出现的问题。

【学习内容】

一、形态特征

　　平菇的形态结构可分为菌丝体(营养器官)和子实体(繁殖器官)两大部分(图3-15)。

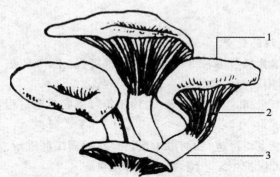

图 3-15 平菇子实体形态
1.菌盖 2.菌褶 3.菌柄
(引自汪昭月主编《食用菌科学栽培指南》,1999 年)

二、生产操作流程

　　目前我国平菇栽培的方法很多,有袋栽、床栽、发酵料栽培、畦栽、菌砖等。本书主要从袋栽、床栽、发酵料栽培技术来讲解平菇的生产方法。

1．平菇床栽技术的工艺流程

配料→菇房消毒→铺料播种→发菌→出菇期管理→采收

恢复期管理

2．平菇袋栽技术的工艺流程

调制培养料→装袋→灭菌→接菌→堆积发菌→出菇期管理→采收

恢复期管理

3．发酵料栽培平菇的工艺流程：

配料→发酵 拌料
堆制 →装袋播种→发菌→出菇期管理→采收

恢复期管理

三、生产操作要点

（一）平菇床栽技术

1．栽培季节

由于各地方气候不同和平菇菌丝生长的温度要求，各地栽培时间不同。根据我国北方气候条件，春栽可安排在4月中上旬，秋栽可安排在8月中下旬。

2．培养料及处理

（1）培养料的选择　木屑、棉籽壳、废棉、稻草、甘蔗渣、玉米芯、玉米秸秆、花生壳、豆秆粉等原料，任用其一种，都可以栽培平菇。但要获得高产、优质的栽培效果，则应添加适量麸皮、米糠、石膏、过磷酸钙等辅料（表3-2）。

表3-2　平菇床栽技术常用配方

序号	配　料
配方一	棉籽壳99％、石灰1％，将石灰溶于适量水中，均匀地淋在棉籽壳上，使料的含水量达65％。
配方二	稻草99％、石灰1％，将稻草浸泡在1％石灰水5～6 h，捞出用清水冲洗后滤出多余水分即可使用。
配方三	木屑89％、石灰1％、麦麸10％，干料混合，加水翻拌均匀，至含水量60％左右。
配方四	玉米芯粉78％、麦麸20％、蔗糖1％、石膏粉1％，加水适量。
配方五	玉米芯或玉米秆 将原料压碎后放在清水或1％石灰水中浸泡1～2天，至水分充分吸收后捞起沥干，即可平铺成菇床，分层播种。
配方六	花生壳、花生秆78％、麸皮20％、石膏1％、糖1％，水适量。

以上配方中,拌料时加入 0.1%～0.2%多菌灵或托布津,都可以防止杂菌污染,以便杀灭部分杂菌、害虫。

(2)培养料的处理 用 0.5%的石灰澄清液浸泡一夜,用清水冲洗至 pH 6.5～7;或用沸水浸泡 0.5 h;然后加入麦皮、石膏粉等辅助料拌匀上床播种。为防止杂菌污染,可添加 1%的多菌灵或托布津翻拌均匀。

3.菇房消毒

菇房在使用前,必须进行消毒,尤其是旧菇房,更要彻底消毒,以减少杂菌污染等。

消毒方法有:硫黄熏蒸,菇房密封好后点燃硫黄,1 m³ 用硫黄 15 g 左右;甲醛加高锰酸钾熏蒸,菇房(100 m³)用甲醛 1 kg、高锰酸钾 0.5 kg,加热密闭熏蒸 24 h;喷洒 5%的石炭酸溶液喷雾消毒。

4.铺料播种

平菇的播种方法很多,有混播、穴播、层播和覆盖式播种等。

混播:将菌种与培养料均匀地混合在一起,铺于床上。

穴播:将培养料平铺在床上,整平压实,以 6 cm×7 cm 的距离在料面上挖穴,穴深 3.3 cm,然后将准备好的菌块放入穴内,再用木板压平,使菌种与培养料紧贴。

层播:先在床面上铺一层培养料,大约 5 cm 厚,然后再撒一层菌种,再铺一层培养料,再在上面撒一层菌种,最后压实整平。

覆盖式播种:将床铺好后,把菌种全部铺放在料面上。

播种时间,一般从 8 月末到第二年 4 月末,均可播种。不过春播要早,秋播要晚,气温掌握在 20℃ 以下,既适于平菇生长发育,又不利杂菌生长。

播种时的操作要点:①在播种前,将菌种取出,放入干净的容器内,而后用洗净的手把菌种掰成枣子大小的菌块,再播入料内。②播种后,料面上先覆盖一层报纸,再盖上一层塑料薄膜,这样既利于保湿,也可防止杂菌污染。

5.发菌

一般播种 1～2 天菌丝开始生长,温度适宜,经 15～20 天菌丝就能封满料面。为了防止杂菌污染,播种后 10 天之内,室温应控制在 15℃ 以下,此阶段应尽量避免揭开薄膜。若温度过高,可适当掀动塑料薄膜,通风降温。10 天后菌丝长满料面,此时可将室温提高到 20～25℃,要加强通风和保湿,每天打开薄膜通风 2 次,每次 30 min。20 天后菌丝长透菌料深层,当菌丝完全长成熟之后,表面有黄色黏液的水珠形成时,过几天就很快进入出菇阶段。若出现床面有黄、绿、黑等霉菌感染,可将石灰粉撒在杂菌生长处,或用 0.3%多菌灵揩擦。

6.出菇期管理

温度管理:菌丝长满培养料后,室温要降到20℃以内,加大昼夜温差,刺激早出菇,多出菇。每天可在气温最低时,打开菇房门窗和塑料膜1 h,而后盖好,另外可加大料面温差,促使子实体形成。

湿度管理:根据湿度进行喷水,使室内空气相对湿度调至80%以上。晴天早晚各喷水一次,主要向空间和地面喷水。若床面出现黄水,说明菌丝即将扭结产生小菌蕾,这时可向空间喷雾,将室内空气相对湿度保持在85%左右,切勿向料面上喷水,以免影响菌蕾发育,造成幼菇死亡。同时要支起塑料薄膜,这样既通风又保湿,室内温度可保持在15~18℃。菌蕾堆形成后生长迅速,2~3天菌柄延伸,顶端有灰黑色或褐色扁圆形的原始菌盖形成时,把覆盖的薄膜掀掉,可向料面喷少量水,保持室内空气相对湿度在90%左右。一般每天喷2~3次,温度保持在15℃左右切忌床面大水浇灌,造成菇蕾枯黄死亡或使培养料积水影响菌丝生长和出菇。

光照管理:当播种20~25天后菌丝扭结,给予一定光照刺激,此时也要加大湿度,在床面喷适量的水,加强通风,才能加快促进原基分化。

7.采收

当平菇菌盖基本展开,颜色由深灰色变为淡灰色或灰白色,孢子粉未弹射时就可采摘,采摘时一手按住草料,一手把整棵平菇摘下,要注意尽量不损伤周围小菇,采摘完一批菇后,要及时整理床面,捡去残根和死菇,并将料面整平压实,停止喷水2~3天,然后恢复喷水,7~10天,又可长出第二批菇,一般可采4~6批菇,每百公斤培养料产鲜菇60~100 kg。

(二)平菇袋栽技术

1.培养料的配制(表3-3)

表3-3 平菇袋栽技术常用配方

序号	配　料
配方一	杂木屑78%,麸皮或米糠20%,蔗糖1%,石膏粉或碳酸钙1%。
配方二	杂木屑93%,麸皮或米糠5%,尿素0.2%~0.4%,蔗糖1%,碳酸钙0.4%,磷酸二氢钾0.2%~0.4%。
配方三	玉米芯78%,麦麸20%,糖1%,石膏粉1%。
配方四	新鲜棉籽壳96%,石膏粉2%,克霉灵50 g/50 kg(或多菌灵0.1%),蔗糖1%、复合肥1%(碳酸钙1%)。

2. 装袋接种

塑料袋的规格要求:选用厚 0.03～0.04 cm,宽 24～30 cm 的筒状塑料,截成长 40～50 cm 的双开口塑料筒。

装袋接菌:拌好的培养料必须要当天装袋接种。先将塑料筒的一端扎一个用干净的旧报纸卷棉籽壳做成的塞子(直径 3.3 cm、长 6.6 cm),也可扎一个长 3.3 cm,沾有 0.3% 多菌灵或高锰酸钾药液的玉米芯塞子,撒入一些菌种,再装入培养料,边装边压实。装至一半时,再撒入一层菌种,然后继续装料。装至离袋口 6.6 cm 时,再撒入一些菌种,整平压实,使菌种与料紧密接触。装至 2/3 时,套项圈,塞棉塞,扎紧袋口。靠近袋口处多撒一些菌种,使平菇优先生长,杂菌就难以滋长。

3. 堆积发菌

上堆前应将发菌场所打扫干净,按常规方法用药剂消毒,并在地面上撒一层石灰粉。而后将装好的菌袋一层层排好堆积在一起,然后按光线射入方向,将菌袋分层横向堆放,堆积层数应根据气温来确定,气温在 10℃ 左右时,可堆 3～4 层高,18～20℃ 时,堆 2 层为宜,20℃ 以上时,可将袋子单层平放于地面上,以防袋内料温过高而烧死菌丝。接种后 2 天料温开始上升,要注意防止料温超过 35℃,当温度升到 32℃ 时,及时打开门窗,向地面喷水,进行降温。若温度继续上升,可倒堆或减少层数。最好将温度控制在 24℃ 左右。若料温过高,应及时散堆,开门窗通风。过 15 天左右,袋内温度基本稳定后,再堆成 6～7 层或更多层。

4. 出菇期管理

当菌丝布满培养料后,经 5～10 天,在适合的环境与条件下,袋内会出现菌蕾,这时要将袋口打开,去掉塞子将袋口两端下部外翻,上部则不翻,露出菌蕾堆。此时室内相对湿度要保持在 85% 左右,每天 2～3 次,晴天多喷,阴天少喷或不喷。注意不可将水喷到料面上,以防影响菌蕾发育。另外适当开窗通风、换气,避免温度过高、湿度过大。若二氧化碳浓度过高会造成子实体畸形生长,成为"大脚菇"。还要注意栽培场有散射光,在黑暗的环境下,菌蕾不能发育成正常的子实体。子实体发育过程中的桑葚期、珊瑚期不能向菇体喷水,以免造成烂菇。当菌丝达到生理成熟时,尽量造成 8～12℃ 温差,促进原基分化。

桑葚期:当白色的原基表面出现黑灰色或淡黄色小米粒状时,此时期称为桑葚期。

珊瑚期:桑葚期的菌蕾再经过 2～3 天,就可发育成参差不齐的珊瑚状菌蕾群,此时期称为珊瑚期。

5. 采收

菌蕾出现之后,经过 5～10 天,菌盖边缘还稍内卷时就采收。左手按住培养料,右手捏紧菇柄采下。也可用刀子在菌柄紧贴培养料处割下,平菇无论大小全部采完。

每批菇采收后,将菌袋表面残菇、死菇及菌柄清理干净,以防腐烂。停止喷水4～5 天,随后适当喷水,保持料面湿润,经 10～15 天,料面再度长出菇蕾,重复上述出菇管理办法,还可采收几次菇。

(三)平菇发酵料栽培技术

1. 栽培时间

一般在当地平均气温降到 25℃ 以下,便可进行栽培,即 8 月下旬至第二年4 月均可安排平菇的发酵料栽培。

2. 培养料的配制

发酵料的配方同上,但在配制发酵料时,最好能在料中加入 3％～5％ 的饼肥,或是 0.2％～0.3％ 的尿素,或是两者同时加入。另外在拌料前可将原料暴晒 2～3 天,利用紫外线杀死料中杂菌。

3. 拌料堆制

将主料与麸皮、石膏、石灰充分拌匀;1％ 多菌灵溶于水中后加入。边加水边翻拌,保持含水量在 60％～70％,为了使发酵均匀彻底,在拌料时加入 0.1％ 生物发酵剂效果明显。

将培养料堆成宽 1.5～2.2 m、高 1.2～1.5 m,长不限的大堆,然后用粗木棒在料堆中央捣几个直通料底的洞,增加透气,以利发酵,再覆盖塑料薄膜或草帘。当料堆温度升到 60℃ 左右,维持 24 h 让其继续发酵。24 h 后可进行第一次翻堆。翻堆宜在中午进行,动作要快、轻,原堆要从上翻下、从外翻内,尽量使料受热均匀;而后每天翻堆一次,连续翻堆 3～4 次,每次翻堆后盖好草帘和薄膜。

发酵好的培养料摊开晾凉至 30℃ 以下装袋。

4. 装袋播种

用宽 24～28 cm 的塑料筒,截长 50～55 cm,一头扎紧,先放一层菌种、再往袋中装 10 cm 左右料,再放一层菌种、再装料,每袋共装三层料,播四层种。而后用绳扎牢,扎口后用小钉在每层菌种处扎 8～10 个小孔通气,然后进培养室发菌。

5. 发菌期的管理

气温高于 28℃ 以上,菌袋单摆;气温低于 28℃,横卧叠放,根据气温高低叠放2～5 层,3 天后,要随时检查菌袋温度,每天检查 3～5 次,袋表温度一旦超过28℃;就要及时翻堆、通风、减少堆放层数。一般 20～35 天,菌丝即可发满全袋,然后转入出菇管理。此时期一定要掌握好温度,袋内料温高是发菌失败的主要原因。

6. 出菇管理

菌丝长满袋 3～5 天,加大菇房内的昼夜温差,增加菇房湿度;再过 5～10 天,当原基长出,即部分袋的料表面出现密集的黑色小点,此时要加大菇房的通风换气,保持相对湿度 85% 左右,促使原基尽快发齐;并用刀片在袋头划 2～3 道割口,促使平菇从割口处长出。随着平菇的不断长大,逐步加大菇房通气,加大湿度,喷水要少、细、勤;尽量不要把水喷到幼小菇面上。

7. 采收

当菌盖充分展开,颜色由深灰色变为淡灰色或灰白色,要及时采收。

一茬菇采收结束,清除菌袋表面残菇、死菇及菌柄,以防腐烂,而后喷一遍营养素,覆塑膜养菌 5～7 天,现原基后揭开塑膜,正常管理。一般可收 4～6 茬菇。

8. 保鲜

(1)鲜藏　新鲜的平菇在室温为 3～5℃,空气相对湿度为 80% 左右时,可贮存 1 周。鲜菇数量不多时,可将菇完全浸于冷水中,但水必须干净卫生,水的含铁量应低于 2 mg/L,这样平菇才不会变黑。或是将平菇放于装有少量冷水的缸内,并将缸口封严,气温即便达到 15～16℃,也可保鲜 1 周左右。

(2)冷藏　将新鲜的平菇子实体在沸水中或蒸汽中处理 4～8 min,放到 1% 柠檬酸溶液中迅速冷却,沥干水分后用塑料袋分装好,放入冷库中贮藏,可保鲜 3～5 天。

(3)化学贮藏　可用来贮藏平菇的化学药品主要有 0.1% 的焦亚酸钠、0.6% 的氯化钠、4 mg/L 的三十烷醇水溶液、50 mg/L 的青鲜素水溶液、0.05% 高锰酸钾水溶液、0.1% 草酸等。具体方法是:先将鲜平菇修整干净,放入药液中浸泡 1～5 min,捞出沥干水分,分装入 0.03 mm 厚的聚乙烯塑料袋中,扎紧袋口进行贮藏。

【问题讨论】

1. 发菌期杂菌污染的防治措施

(1)可采用发酵料栽培,生料栽培易于被杂菌污染。

(2)要选择优质原料,拌料前暴晒 2～3 天。

(3)拌料时,加入 2%～3% 的石灰粉,或拌入 0.1%～0.2% 的多菌灵,也可用克霉灵等新型杀菌剂。

(4)当发现料面上点星或小片杂菌时要用 pH 10 以上浓石灰水冲洗涂抹,然后再用灭过菌的刀铲除被污染的料面,再用浓石灰水点涂周围补上新料,点播菌种即可。

(5)控制培养料含水量在 60% 以下,加强通风换气,降低室温。

2. 出现畸形菇的原因和处理方法

畸形菇,柄粗盖小,菇体呈花椰菜状。造成的原因,多为二氧化碳浓度过高,通风不良,或是光照不足。处理方法可以加强光照和通风换气。

3.菌丝不萌发、不吃料的防治措施

(1)使用新鲜无霉变的原料。

(2)使用适龄菌种(菌龄 30～35 天);掌握适宜含水量,手紧握料指缝间有水珠不滴下为度。

(3)发菌期间棚温保持在 20℃左右,料温 25℃左右为宜,温度宁可稍低些,切勿过高,严防烧菌。

(4)培养料中勿添加抑菌剂,添加石灰应适量,尤其在气温较低时添加量不宜超过 1%,pH 7～8 为宜。

4.培养袋发生软袋的处理办法

(1)使用健壮、优质的菌种;适温接种,防高温伤菌。

(2)培养料添加的氮素营养适量,切勿过富。

(3)发生软袋时,降低发菌温度,袋壁刺孔排湿透气,适当延长发菌时间,让菌丝往料内长足发透。

任务三 滑菇生产

【知识目标】

熟悉滑菇形态特征;掌握滑菇生产代料栽培技术及生产流程操作要点。

【能力目标】

运用所学知识制定滑菇生产计划;处理滑菇生产管理中出现的技术问题。

【学习内容】

一、形态特征(图 3-16)

图 3-16 滑菇的子实体及孢子

(引自河南农业大学植保系微生物教研室主编《食用菌栽培与加工》,1988 年)

二、生产操作流程

滑菇的人工栽培起源于日本,其栽培方式有段木栽培、块栽、箱栽和袋栽四种。

其中滑菇的熟料袋栽技术已成为主要栽培方式,本书主要重点介绍熟料袋栽技术(图 3-17),其工艺流程可分为以下几道工序:

备料→配料→拌料→装袋→灭菌→冷却→接种→发菌→出菇管理→采收

三、生产操作要点

图 3-17　滑菇吊袋栽培模式图

(一)备料

主要原料有木屑(柞木为主的硬杂木屑),米糠或麦麸。柞木屑最好选用陈木屑,新木屑最好经过 2～3 个月的日晒雨淋,使其中的树枝、挥发油以及对菌丝有害的水溶性物质完全或部分消失才能进行滑菇栽培。在使用前,应当先过筛,麦麸或米糠必须新鲜,无霉变,不结块。石膏粉要用无水熟石膏粉。

(二)配料(表 3-4)

表 3-4　滑菇代料栽培配方

序号	配　料
配方一	木屑 85%,麦麸 14%,石膏 1%。
配方二	木屑 50%,玉米芯粉 35%,麦麸 14%,石膏 1%。
配方三	木屑 54%,豆秸粉 30%,麦麸 15%,石膏 1%。
配方四	木屑 87%,米糠 10%,玉米粉 2%,石膏 1%。
配方五	木屑 77%,麦麸 20%,石膏 2%,过磷酸钙 1%。

根据滑菇喜湿的特性,以上配方中水的比例为 60%～65%,或可高达 75%,pH 自然。

(三)拌料

拌料可手工拌料也可机械拌料。首先严格按照配方比例将各种配料准备好,先将麦麸与石膏粉干拌均匀,然后与木屑充分混拌,边混拌边加水翻倒 3～4 遍,含水量掌握在 60%～65%。拌好料堆闷 1～2 h,使水分与料充分结合,就可以装袋了,拌好的料必须当天装完,不可以堆积过夜,否则引起培养料酸败变质。

（四）装袋

袋的规格最好选用长 35 或 38 cm,宽 17～20 cm 厚 0.045 mm 的优质低压聚乙烯塑料筒袋。预先将筒袋的一头用塑料绳扎牢,打上活结。

装袋有手工装袋和机械装袋两种方式,机械装袋由装袋机完成,多人配合完成,装袋效率高。装料高度以离袋口 10 cm 左右比较适宜,料要求松紧适度。

人工装袋要将袋内的培养料轻轻敦实后用塑料绳将袋口轻轻扎紧,系上活扣,整个操作过程中要求轻拿轻放,避免弄破料袋。

（五）灭菌

滑菇多采用常压灭菌技术,也就是蒸汽锅炉与蒸汽仓连通的常压蒸汽灭菌系统来灭菌,将料袋一层一层堆叠,袋与袋之间留出一定的空隙,确保蒸汽在灭菌过程中回流畅通,料堆边缘要求呈一定的锥度,防止坍塌。料堆堆好后,用双层薄膜覆盖好,将四周的底边用沙袋密封严实,防止漏气。

灭菌时先猛火强攻,使料堆内的温度在 4～6 h 达到 100℃,持续灭菌 12～14 h（灭菌时间从温度达到 100℃ 时算起）,停火闷锅 10～12 h。注意灭菌期间中途不能停火,保持灭菌仓内温度 100℃。当料堆温度降到 60℃ 左右时,即时将栽培袋移到接种棚内冷却,准备接种,待培养袋冷却到 30℃ 以下时即可进行接种。

（六）冷却、接种

接种前,棚四周先挖好排水沟,棚内地面先撒白石灰进行消毒,铺上塑料薄膜,棚四周用遮阳网围好,棚顶盖上塑料薄膜和草帘,采用开放式接种。

接种头一天晚上,用 2％～3％来苏儿溶液,喷雾消毒。接种人员用 75％酒精对手和脚进行喷雾消毒,脚上必须套上塑料袋。当料袋温度冷却到室温就可接种了。

接种前,将栽培种袋用 2％～3％的来苏儿溶液浸一下进行消毒。用粉碎机将栽培种粉碎,采取两头接种方式接种,每头接种量为 40～50 g,菌种要求尽量打满料面,袋扣系上活扣,接种结束。

（七）发菌管理

1. 堆放

菌袋可按单垛或井字形进行菌墙堆叠,层数一般为 7～8 层,垛与垛之间留出 50 cm 左右的通道,方便走动和通风管理。

2.打孔增氧

打孔增氧是发菌管理的重要部分。在摆垛结束后或发菌 15 天左右用专用工具打孔。在打孔前要清扫垛行,打孔工具和菌袋的两头用 2%～3% 来苏儿溶液喷雾消毒,打孔深度掌握在 2～3 cm。

3.光照管理

发菌期要用暗光培养,棚四周要用遮阳网遮挡,避免有直射光,以保证黑暗环境。

4.通风管理

在摆垛 7～10 天内不需要通风,也不要翻动菌袋,当菌丝生长封面后,便可及时通风,逐渐加大通风量。

5.温湿度管理

整个发菌期应掌握前高后低的原则,前期温度控制在 25～28℃,后期调整为 20～25℃,棚内空气相对湿度控制在 45%～60% 之间,不能超过 65%。

6.杂菌检查

滑菇菌丝布满料面后,要逐一进行杂菌检查,注意轻拿轻放,污染较轻的放到菇棚一头,较严重的进行深埋处理。

7.后熟培养

经过 50～60 天,菌丝就长满菌袋,再经过 15～20 天的后熟培养就可以出菇。后熟培养的棚内温度控制在 18～22℃,空气湿度控制在 80% 左右。当接种部位出现黄褐色水珠,菌皮增厚,形成厚度 0.5～0.8 mm 的蜡膜时,表明菌丝已经成熟。当发现有部分菌袋有小菇蕾出现时,就该及时划口开袋,准备出菇。

注意事项:①适当增加菇房内散射光线,促进蜡质层的正常形成。②夏季高温时,加强通风,同时还要给菇棚降温,经常喷水散热,防止高温导致菌丝死亡。

(八)出菇管理

1.划口开袋

先把菇棚清扫干净,菌袋的两头用 2%～3% 来苏儿溶液喷雾消毒,30 min 后就可进行划口。操作时,用小刀沿着袋子的外圈分两次划一个圆形口,划口深度一般 0.5 cm 深就可以了,而后将塑料膜揭除。

2.温度管理

一般采取白天揭草帘增温,给予 7～10℃ 的温差刺激,促进原基形成,原基形成以后,棚内温度控制在 7～18℃ 之间,注意温度既不能低于 5℃,也不能高于 20℃。

3.湿度管理

滑菇出菇前,要求培养基的含水量不能低于 70％,所以开袋后要立即喷水,一般喷 5～7 天,喷水后及时通风,当菌袋表面没有积水,便可停止通风。当用手按菌袋,有水溢出时,说明含水量比较适宜,便可停止喷水。一般停水 3～5 天后再喷水,从这次喷水开始,每天都要喷水,保证出菇期间培养料的含水量在 75％～85％,空气相对湿度在 85％～95％不能低于 80％。

4.通风管理

菇蕾形成初期不能通风,当菇蕾直径达到 0.5 cm 时才可以适当通风。通风应注意既要保证适宜的温度又要保证适宜的湿度。湿度过大容易产生病虫害,湿度过小容易造成死菇。

图 3-18　菌袋上已可
采收的滑菇

（九）采收

当菌盖长至 3～5 cm,菌膜未开,即可采收(图 3-18)。每次采收后,要及时将残菇清理干净,并停止浇水,盖上薄膜,防止过分脱水,保持菌丝活力。经 5～7 天恢复生长,当培养料表面出现新的原基时,打开塑料薄膜,经过 1～2 天再浇水促进菇体生长。出菇期间,子实体需氧量增加,应定期为菇房通风换气,否则容易引起幼菇死亡和菇体畸形。滑菇要趁未开伞前采收,采收过迟,菌盖张开,变为锈褐色,则影响质量、降低商品价值。

（十）保鲜

采收后的滑菇应削去菇根,留 1 cm 左右菌柄,而后再加工(图 3-19)。

图 3-19　处理滑菇菇根

1.气调保鲜

将新鲜的滑菇封装在厚度 0.06～0.08 mm 聚乙烯塑料袋中,置 0℃低温下保藏,由于鲜滑菇自身的呼吸作用,吸收包装袋内的氧气,放出二氧化碳,可降低滑菇自身的呼吸作用强度,达到短期保鲜效果。

2.辐射保鲜

将采收的未开伞的滑菇子实体装入多孔的聚乙烯塑料袋内,进行不同放射源的处理,然后在低温下保藏。辐射处理能有效地减少鲜菇变质,收到较好的保鲜效果。与低温冷藏比较,可节省能源,加工效率高,适合自动化生产。用钴 60-γ 射线处理包装好滑菇的菇袋,在 0～5℃低温下保藏滑菇,可以延长数日。

3.化学保鲜

比久是植物生长延缓剂,以 0.001％～0.002％的水溶液浸泡鲜菇,10 min 后捞出沥干,装于塑料袋内,在室温下(5～22℃)可保鲜 5～7 天,可防止滑菇褐变、延缓变质、保持新鲜。

【问题讨论】

1.滑菇栽培常见的杂菌及其产生的原因

(1)滑菇栽培常见的杂菌有:曲霉、木霉、链孢霉、青霉、毛霉。

(2)杂菌污染的原因

①培养基灭菌不彻底。

②蒸料和接种不同步。有的菇农先集中蒸料,数天后集中接种,这样造成污染机会多。

③接种时间过晚。到 4 月中下旬或拖到 5 月份才开始接种为时已晚,因天气已转暖易感染杂菌。

④菌种带杂菌或老化,主要表现在菌种块上或周围污染杂菌,此类污染往往成批出现且污染的杂菌比较一致。

⑤接种操作造成污染。此类污染常分散发生在培养基表面,主要是由于接种场所消毒不彻底或接种时无菌操作不严格造成的。

⑥菇棚湿度过大。发菌室室内相对湿度不宜超过 70％,即宜干不宜湿。

⑦阳光直射菌盘袋。菌丝培养阶段如有阳光直射,菌丝生长会受到抑制。

2.杂菌污染的解决办法

(1)把好培养基和栽培盘袋的制作关。选择新鲜、干燥、无霉变的培养料,拌料要均匀,当天配料当天分装灭菌。

(2)培养基灭菌要彻底。保证灭菌的压力和时间,装量不宜太多,高压灭菌时排放冷空气要完全。

（3）选择优良菌种，适当加大菌种量。

（4）接种场所消毒要彻底，接种要严格按无菌操作进行，防止杂菌侵染。

（5）定期检查，发现污染及时处理。污染的栽培盘袋要立即销毁，或远离出菇场所 50 m 以外处理，切忌到处乱扔或未经处理就脱袋摊晒，这样会造成环境污染，对生产场所不利。

（6）科学用药经常检查，发现霉菌污染的要及时处理，以免蔓延。霉菌点片发生时，向患处注射高效绿霉净或注射 1‰克霉灵，既可杀灭杂菌，又不会影响菌丝生长，污染较重呈局部片状时，可先挖出霉菌，并在患处喷洒 5‰石灰水，污染严重的要及时清理并挖坑深埋。

任务四　榆黄蘑生产

【知识目标】

　　熟悉榆黄蘑形态特征；掌握榆黄蘑栽培技术及生产流程操作要点。

【能力目标】

　　会制定榆黄蘑生产计划；能进行榆黄蘑床栽、袋栽技术；能处理榆黄蘑生产管理中出现的技术问题。

【学习内容】

一、形态特征(图 3-20)

图 3-20　榆黄蘑子实体形态

（引自王立泽主编《食用菌栽培》,1985 年）

二、生产操作流程

榆黄蘑人工栽培有生料、发酵料和熟料三种形式,由于其抗杂能力强,菌丝生长发育快,我国大多采用生料和发酵料栽培。

工艺流程:

备料→培养料的配制
→装袋→灭菌
→堆制发酵→层架或畦栽铺料
→接种→菌丝培养
采收加工←出菇管理←

三、生产操作要点

（一）备料

榆黄蘑生长力强、出菇快、生长期短、产量高,可以利用的原料很多,如棉籽壳、废棉、玉米芯、玉米秸、稻草、麦秸、大豆秸、木屑、花生壳、豆壳、茶渣以及可以在栽过草菇和蘑菇的废培养料上生长发育。其中,以棉籽壳、废棉和玉米芯栽培榆黄蘑的产量较高。

（二）培养料的配方（表 3-5）

表 3-5　榆黄蘑培养料配方

序号	配料
配方一	棉籽壳 100 kg、石灰 2 kg,料水比 1：(1.3～1.5),该配方可生料栽培,也可发酵料栽培。
配方二	玉米芯 70 kg、麦麸 15 kg、腐熟鸡粪 15 kg、生石灰 4 kg、尿素 0.3 kg、石膏 1 kg,料水比 1：(1.3～1.5)。
配方三	棉籽皮 85%、麸皮 12%、糖 2%、石膏 1%。
配方四	碎玉米芯或豆秸 80%、麸皮 10%、玉米面 9%、石膏 1%。
配方五	木屑 80%、麸皮 18%、石膏 1%、糖 1%。
配方六	木屑 50%、玉米芯 30%、麦麸 15%、玉米粉 4%、石膏 1%。

以上配方中 pH 调到 6～7,因为 pH 是影响榆黄蘑新陈代谢的重要因素。榆黄蘑菌丝体生长的最适 pH 在 6～7。

（三）培养料的配制与装袋

1.培养料的配制

根据各原料的配方将各种原料搅拌混合均匀,根据原料的性质按照

1 : (1.2～1.3)的比例加水并搅拌均匀,含水量以手握一把料,握紧,手指间见水,但不下滴为宜。堆闷 0.5～1 h 后,检测含水量和 pH,培养料配制好后,根据原料性质可进行生料直接栽培,或进行发酵处理,或熟料灭菌处理即可。

　　发酵料的配制,要建堆,要求高 1 m、宽 1.2～1.5 m、长不限。建堆后轻轻压实料表,然后用木棒在堆上自上而下均匀地打通气孔,以避免厌氧发酵(图 3-21)。待堆内 20 cm 处温度升至 65℃ 左右时,维持 12 h 翻堆。翻堆时,要上下、内外使培养料互换位置,翻拌均匀。第一次翻堆后,待料温再升到 60℃ 以上时维持 1～2 天,再翻堆,前后共翻 3～4 次。当玉米芯变成深棕色、有发酵香味时,发酵结束。

图 3-21　发酵料的堆制

2. 栽培方法

　　分为袋栽(图 3-22)或床栽两种。

　　(1)袋栽　选用(20～22) cm×45 cm×0.025 cm 的聚乙烯塑料袋为宜,采取两头接种,并在中间按等距离撒播两层菌种,然后用针刺通气孔。

　　(2)床栽　选择地势高燥、近水源场地。搭好阴棚,整理畦床,宽 1～1.3 m,开好排水沟。堆料前 1 天用 1 000～1 500 倍乐果乳剂或 5% 敌敌畏乳剂喷洒畦面及四周环境。堆料时在畦面上先铺 1 层 5 cm 厚的培养料,然后播 1 层菌种,依层堆料播种 3～4 层,并将剩余菌种撒于料面,用木板拍平,稍加压实,再用报纸盖面,薄膜覆盖床面。整个堆料厚度 20 cm,每平方米用干料 25 kg,菌种 4 瓶。菌种使用量一般占培养料 15% 左右。

图 3-22　榆黄蘑吊袋栽培模式

（四）灭菌

高压灭菌 125℃保持 2.5 h 或常压灭菌 100℃保持 10 h,冷却到 25℃在无菌条件下接入菌种。

（五）接种

当料温降到 30℃左右即可接种,接种方法与常规接种方法一样。要选择优质菌种,严格控制各个环节的无菌操作程序。

（六）菌丝培养

接种后进入菌丝发育阶段。发菌场头 3～4 天温度应控制在 23～28℃发菌,不要超过 32℃,5 天之后以 22～26℃为适。空气相对湿度以 60%～70%为好,同时要注意遮光及通风换气。棚温要控制在 28℃以下,超过 28℃要注意散堆降温或通风降温。发菌 1 周后,就可出现菌丝,一般 25～30 天菌丝即可长满全袋,就可以转向出菇管理。

检查菌丝萌发情况。若发现菌丝不萌发应补种;若发现少量杂菌感染,应加强发菌室通风降温,控制或抑制杂菌发展。若温度过低,还需保温、升温,保证菌丝正常生长发育。一般 25～30 天菌丝即可长满全袋。

在此各环节操作时一定要轻拿轻放,避免菌袋被扎破,摔坏。

（七）出菇管理

菌丝长满袋后,再维持 3～7 天,即可进行出菇管理。生产中多采用菌墙出菇管理,菌墙的码垛方法与平菇相同。菌墙筑好后墙顶灌水,菇房（棚）温度保持在 15～20℃,空气湿度 85%～95%,拉大温差,注意通风换气并给予一定的散射光刺激,约 1 周后,菌蕾就会大量出现,并根据子实体生长情况,协调好通风换气。出菇期间水分蒸发加快,此时应向地面,墙面喷水,空间增加喷雾 2～3 次,并注意通风,保持空气新鲜,榆黄蘑从现蕾到采收一般需 8～10 天。

出菇期管理的注意事项:①当袋内菌丝突起呈灰白色瘤状即将形成原基时,应及时打开袋口,诱导正常的原基产生。②榆黄菇子实体颜色具鲜艳的黄色,极易吸引各种飞虫,因此应充分注意,在通风口处加封一层防虫网,以避免虫害的侵袭。

（八）采收

子实体菌盖边缘平展或呈小波浪状时即可采收（图 3-23）。采收前 1 天停止喷水。采收时一手摁住培养料面,另一手将子实体拧下,或用刀将子实体于菌柄基部切下即可。管理得当,可收 3～4 潮菇,一般生物学效率可达 80%左右。

播种后 35 天左右,一般达到七八成成熟时就要采摘。成熟标准:子实体菌盖基本平展,色泽鲜黄,可整丛割下。采收时一手摁住料面,另一手将子实体拧下,或用刀将子实体于菌柄基部切下即可。管理得法,每簇一次就可收 300 g,最大的 500 g。收完头茬菇后,应清除老根及料面残留。收完 2 茬后,袋内含水量下降时,应浸水补充水分。收完 3 茬后,也可采取脱袋野外埋筒覆土,还可长 1 茬菇。上述两种栽培法,采收后均需停止喷水,生息养菌 5~6 天后再喷水增湿诱蕾。一般可采 3~4 茬,生长周期 3 个月。

为了保证榆黄菇的商品质量,采收前 1 天应停止喷水。每茬子实体采收后,要及时清除料面菇根和病菇。

图 3-23　菌袋上成熟的榆黄蘑

(九)保鲜

1. 冷冻法

将新鲜的榆黄蘑处理干净后,用食品袋密封,然后放入冷冻箱中,寒冷季节里,放在室外-5℃以下的低温环境中或冷屋中进行冷冻也可以。

2. 塑料袋密封低温贮藏法

将挑选干净的新鲜榆黄蘑用食品袋密封。每袋 500 g 左右,放在低温处贮藏。温度在 1~2℃下,可贮藏 15 天;在 10~12℃下,贮藏 7 天。

任务五　杏鲍菇生产

【知识目标】

　　熟悉杏鲍菇形态特征;了解杏鲍菇各生长期管理技术要点;掌握催蕾期管理技术的要点。

【能力目标】

会制定杏鲍菇生产计划；能进行杏鲍菇生产代料栽培；能处理杏鲍菇各生长期出现的问题。

【学习内容】

一、形态特征

杏鲍菇子实体群生或单生，菌盖直径 4～6 cm，最大可达 16 cm，初期呈球形，逐渐展开，成熟时中央浅凹，呈漏斗状，表面有绒毛，淡灰至淡黄色。菇柄中生或偏生，幼时瓶状，渐呈棒状至亚玲球状，白色光滑，一般长 8～15 cm，直径 3～8 cm。菌褶向下延生、密集、乳白色。孢子白色或浅黄色（图 3-24）。

二、生产操作流程

杏鲍菇的栽培因所用的培养容器不同，有瓶栽、箱栽和袋栽等方式，其中最方便和最实用的是袋式栽培。袋栽又可分为直立式一头出菇、墙式堆码两头出菇和长袋横卧侧面出菇（图 3-25）等方式。

工艺流程：备料→配料→装袋→灭菌→接种→冷却→发菌→催蕾→出菇管理$\xrightarrow[疏蕾]{开袋}$采收

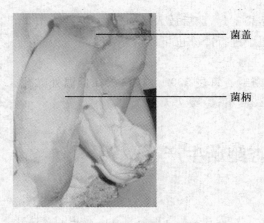

菌盖

菌柄

图 3-24　杏鲍菇形态

图 3-25　长袋横卧侧面出菇

三、生产操作要点

(一)栽培季节

杏鲍菇从播种到出菇需 50～60 天,属中温偏低型菌类,子实体形成的适宜温度为 10～18℃,因此,根据出菇的适宜温度来安排恰当的栽培期,一般是以当地气温降至 18℃以下时提前 50 天制栽培袋为宜。

(二)备料与配料

1.备料

杏鲍菇分解木质素和纤维素的能力较强,适合其生长的基质原料很多,如杂木屑、棉籽壳、废棉、甘蔗渣、麦秸、豆秸秆、稻草等均可作主料,为防止扎破栽培袋和便于拌料装袋(瓶),木屑必须过筛,秸秆类必须粉碎。辅料可添加麸皮、米糠、玉米粉等。

2.培养料配方

母种配制:杏鲍菇在栽培前需扩繁母种,制备母种。母种常用的培养基为 PDA 或 PSA,也可用 MGYA 培养基培养。原种培养基可用以棉籽皮为主料的培养基配方,按常规法制作试管斜面、接种培养,一般菌丝长满管需 8～10 天。

PDYA 培养基:以 1 000 mL 为例,蛋白胨或黄豆胨 1 g,马铃薯 300 g,琼脂 20 g,葡萄糖 20 g,酵母 2 g。

MGYA 培养基:以 1 000 mL 为例,蛋白胨 1 g,麦芽糖 20 g,酵母 2 g,琼脂 20 g。

3.栽培料的配方(表 3-6)

表 3-6　杏鲍菇栽培料配方

序号	配　料
配方一	杂木屑 24%,棉籽壳 24%,豆秸粉 30%,麸皮 20%,糖 1%,碳酸钙 1%。
配方二	杂木屑 31%,棉籽壳 38%,豆秸粉 15%,麸皮 9%,玉米粉 5%,糖 1%,碳酸钙 1%。
配方三	杂木屑 37%,棉籽壳 37%,麸皮 24%,糖 1%,碳酸钙 1%。
配方四	杂木屑 73%,麸皮 20%,玉米粉 5%,糖 1%,碳酸钙 1%。
配方五	棉籽皮 82%,麸皮 10%,玉米面 4%,磷肥 2%,石灰 2%,尿素 0.2%。
配方六	木屑 60%,麸皮 18%,玉米芯 20%,石膏 2%,石灰适量。
配方七	棉籽皮 50%,木屑 30%,麸皮 15%,玉米面 2%,石灰 2%。
配方八	木屑 27.5%,棉籽皮 37.5%,麸皮 20%,玉米面 5%,豆秆粉 10%。

以上配方中,控制含水量为 60%～70%,pH 为 6.5～7.5。

（三）装袋与灭菌

1. 塑料袋的选择

早秋栽培可选用聚丙烯袋,冬季低温期宜选用高密度低压聚乙烯袋。根据出菇方式的不同,袋的规格也不一样。直立式一头出菇采用 17 cm×33 cm×0.004 cm 的折角带,横卧接种穴出菇采用(12～15) cm×55 cm 的筒袋,而墙式堆码两头出菇采用 17 cm×38 cm 或 20 cm×40 cm 的筒袋。

2. 装袋

按比例称量配料,在拌料场将料翻拌均匀,然后将培养料装入袋内。每袋可装干料 250～500 g,湿料 600～1 000 g。装满料后,中间打孔接种,然后套环加棉塞,或折袋口、扎绳均可。

3. 灭菌

从拌料到灭菌的时间,不应超过 6 h,装锅后,使锅内温度 2 h 内上升到 60℃,4 h 内达到 100℃,于 1.5 kg/m² 的压力下蒸汽灭菌 2 h 或放入常压灭菌锅内,在蒸汽温度 100℃条件下保持 8～10 h。

（四）接种

灭菌后,将菌袋移至接种室,冷却到 30℃以下时即可接种。接种前搞好接种室内卫生,用硫磺粉 10～15 g/m³ 熏蒸 24 h 灭菌,而后打开门窗,放出烟雾,菌袋入室。原种和接种工具应在接种前放入接种室,关好门窗,打开臭氧发生器,0.5 h 后关闭,再过 0.5 h 后接种人员按无菌操作规程在接种箱(室)中接种,采用五人合作方式接种,一人供种,四人解袋系袋,使 1/3 的菌种掉入洞穴中,2/3 菌种铺于料面。接种后的菌袋放入培养室堆叠摆放成排,每排 4～5 层,排与排间留通道便于管理。

（五）发菌管理

接种后,在培养室内发菌培养,室内温度保持在 20～25℃,菌袋温度控制在 23～25℃,空气相对湿度 70%左右,每天通风 1～2 次,保持空气新鲜,以利发菌。当菌丝生长 15 天左右,需要给菌袋进行刺孔增氧,用细针在菌袋的菌落内侧刺一圈微孔,孔深 0.5 cm 左右。大约 30 天菌丝可长满袋。菌丝开始生长时会放出热量,要倒堆和通风散热降低温度,袋温不宜高于 30℃,避免温度高"烧菌"。待菌丝生长达料的 1/2 以上时,要适度解松袋口,增加氧气促进菌丝生长。

（六）催蕾

当菌丝长满菌袋后,为了使其出菇整齐一致,可进行搔菌处理。用小勺刮去袋口表层的老菌种,使袋口料面变平。

若袋口或菌袋中部已有原基形成,则不必再进行搔菌,可直接进入出菇阶段。搔菌后要加强保湿管理,将袋口用塑料膜覆盖封住,经过大约 10 天,当料面重新长出新的白色气生菌丝时,即可喷水催蕾。

催蕾期间室内温度保持在 10～18℃,空气相对湿度应维持在 90% 左右,每天通风 2～3 次,增加散射光刺激,保持空气新鲜,以利原基进一步分化形成菇蕾。

（七）出菇管理

1. 温度管理

若温度低于 8℃,原基难以形成,即使是已伸长的菇也会停止生长。当温度高于 18℃时,小菇蕾开始萎缩,已成形的菇体会迅速生长,品质下降。所以,出菇期菇房气温应控制在 13～15℃,这样出菇快,出菇整齐,菇蕾多。15 天左右可采收。再相隔 15 天左右就可采收第二潮菇。

2. 湿度管理

通过向地面、空中、墙壁喷水保持菇房空气相对湿度在 85%～90%,喷水时,向空中喷雾状水,不能使子实体上积水过多,水量不能过大。也不能湿度太低,子实体会萎缩,原基干裂不能分化。采收前 2～3 天,为了延长保鲜期,空气相对湿度应控制在 85% 左右为宜。当一潮出菇后,可用浸水法和注水法给菌袋补水。

3. 光照管理

经过 8～15 天开始形成原基,此时开袋,去掉棉花塞和套环,将袋口张开拉直。给予散射光照,保持良好的通风换气,二氧化碳浓度控制在 0.2% 以下。原基形成后,让其自然从袋口向外伸长,菇蕾长出较多时,及时用小刀疏蕾,削掉幼菇,只保留 1～3 个,保证子实体个大,整齐(图 3-26)。

图 3-26 疏蕾后的杏鲍菇菌袋

开袋方法：袋栽杏鲍菇的开袋时间，应掌握在菌丝扭结形成原基并已出现小菇蕾时（即当原基分化形成 1～2 cm 小菇蕾）开袋，解开袋口，将袋膜向外卷下折至高于料面 2 cm 为宜。如幼菇过密，可适当疏蕾，选择位置好、菇形正、大小相近的菇蕾，每袋留 4～6 个，子实体长至 2 cm 左右时，再进行一次优选，每袋留 2～4 个。

4.空气管理

出菇期菇房内必须保持良好的通风换气条件，特别是用薄膜覆盖的，每天要揭膜通风换气 1～2 次，当菇蕾大量发生时，及时揭去地膜，并加大通风量。

（八）采收

一般在现蕾后 15 天左右即可采收（图 3-27 和图 3-28）。在菇盖平展、边缘内卷，未弹射孢子前及时采收。头潮菇采完后，再培养 14～15 天又可采第二潮菇，第二潮菇朵形较小，菇柄短，产量低。采收前 1～2 天，停止喷水。

图 3-27　出菇期的杏鲍菇

图 3-28　已采收的杏鲍菇

注意事项：第一茬采菇时不能留菌柄基部，以免腐烂导致污染。

（九）保鲜

1. 冷藏保鲜

将采下的鲜菇进行挑选，去除杂质。而后用脱水机或是自然晾干进行排湿，使菇体含水量达到 70%～80%。排湿后，将食用菌送入冷库进行保鲜，冷库温度控制在 1～4℃。当菇体温度降到 1～4℃后，再进行包装，按商品级别进行包装，然后出库，用冷藏车运输。

2. 化学保鲜

食盐保鲜。将新采的蘑菇挑选后，浸入 0.6% 的食盐水中，放置 10 min，而后沥干装入塑料袋中。

米汤膜保鲜。用稀米汤加入 1% 的纯碱或 5% 的小苏打，冷却后浸入食用菌 5 min 后捞出，可保鲜 3 天。

氯化钠、氯化钙混合液保鲜。用 0.2% 的氯化钠加 0.1% 氯化钙制成混合浸泡液，浸入菇体 30 min，常温下可保鲜 5 天。

【问题讨论】

1. 畸形菇的产生和防治

发生原因：使用了已老化的菌种和通风不良使子实体难以正常发育。

防治方法：使用健壮的优良菌种接种；加强栽培室的通风换气。

2. 子实体形成很多，但商品菇少的原因及其防治

出现这种现象主要是菇蕾形成过密，未及时进行疏蕾。

防治方法：当菇蕾长至 2 cm 大小时，用锐利的小刀去除畸形或过密的菇蕾，留下生长能力强、商品性好的子实体。

3. 杏鲍菇菌柄中空的防治

杏鲍菇菌柄中空其主要原因是菌种退化，空气过湿，室温过高，导致其子实体发育过快，因营养不足而导致菌柄中空。

防治方法：

（1）排袋时，为了便于通风，袋与袋之间应留 2～3 cm 空隙；

（2）适时开袋，子实体过密时，采用疏蕾方法，每个栽培袋只留 2～3 个健壮的子实体。

（3）如果培养料中养分不足，也会造成菌柄中空，因此栽培杏鲍菇的培养料应采用优质的配方，适当增加氮素营养。

4.做好第一茬出菇

杏鲍菇在栽培时,第一茬出菇不好,将影响第二茬菇,所以第一茬出菇很关键。在第一批小菇蕾形成后,菌棒打口出菇时不要全部打开,一定将湿度稳定在85%～95%时再打口,打口时可以先开一个小口,以免料面干燥。更需要注意的是,在催菇时,切勿将菌棒两头多余的塑料割掉。

任务六 黑木耳生产

【知识目标】

熟悉黑木耳形态特征;掌握黑木耳熟料塑料袋栽培技术;掌握各生产流程操作要点。

【能力目标】

会制定黑木耳生产计划;处理黑木耳各生长期出现的管理问题;能进行黑木耳熟料塑料袋栽培。

【学习内容】

一、形态特征

黑木耳指木耳属的食用菌,其子实体胶质,呈圆盘形、耳形、不规则形,直径3～12 cm,是由菌丝体、子实体和担孢子三部分组成(图3-29)。

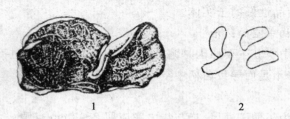

1   2

图 3-29 黑木耳形态图

1.子实体 2.孢子

(引自陈成基主编《农家食用菌培植法》,1985 年)

二、生产操作流程

（一）黑木耳段木栽培流程

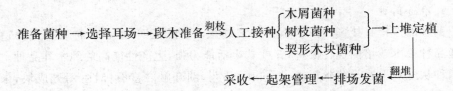

准备菌种→选择耳场→段木准备 —剃枝→ 人工接种 ⎰木屑菌种 树枝菌种 契形木块菌种⎱→上堆定植

采收←起架管理←排场发菌←翻堆

（二）黑木耳代料栽培流程

目前我国黑木耳的代料栽培技术主要以塑料袋栽培为主。

1.代料栽培工艺流程

培养料的配置→装袋与灭菌→接种→发菌期管理 ⎰菌丝培养 开洞培养⎱→出耳管理

采收 —15~20天→ 第二次耳芽形成 —10天左右→ 成熟采收

2.栽培模式

（1）露地栽培（图3-30）

（2）立体悬挂栽培（图3-31）

图3-30 黑木耳露地栽培模式

图3-31 黑木耳立体
悬挂栽培模式

三、生产操作要点

(一)黑木耳段木栽培的操作要点

1.准备菌种

菌种的选择直接影响黑木耳的栽培效益。实践证明,准备菌种既要选择适合当地品种段木栽培的优良品种;又要选生活能力强,生产性能高的纯木耳品种。优良菌种从外观上看是菌丝粗壮、洁白、无杂菌,剖开触之富有弹性,掰开成块,未现耳芽,或只现少量耳芽的优良品种。

2.选择耳场

要选通风、朝阳、水源充足的多雾丘陵地带,海拔 1 000 m 以下,有老场种植的地方,应尽量避免与老场的风向直接对流,以减少空气中杂菌污染率。

要选择有水源、电源、交通便利、山脚缓坡地带,也可选择海拔在 1 000 m 以下的背风向阳,光照时间长,遮阴较少,比较温暖,昼夜温差小,湿度大,而且耳树资源丰富,靠近水源的地方,场地大小根据生产规模而定。

3.段木准备

树种的选择。选择耳木应根据各地自然条件,因地制宜地合理利用森林资源,应选择既利于木耳生长,又不是重要经济林的树种,使用最广的是花栎(栓皮栎)、麻栎,辽宁地区以柞木、桦木、栎木、榆木等硬质木材为好。

树径和树龄。通常栎类以直径为 10～14 cm,10～15 年生的树木栽培木耳较适宜。

砍伐。耳树在冬至和立春之间砍伐,此时树木处于休眠状态,木材中营养物质丰富,树皮和木质部结合紧密,不易脱落,而且病虫害少。

伐后处理。砍伐后在山场上风干 15～30 天,待木材发出酸味,剃去侧枝,锯成 0.8～1.2 m 的木段。稍微偏湿点的段木有利菌种在孔穴内定植成活。因此,在树木搬运时,尽量保持树皮完整,并在接种前 10 天锯断,及时在断面涂刷石灰水。

干燥。将木段按直径大小分开,并把木段呈"井"字形堆叠在地势较高并且干燥、通风向阳的地方,上盖树枝或草帘,让树完全干死,直到断面木质变黄白色,木段截面出现放射状裂纹、敲击时声音变脆,当风干的耳木含水量约在 50% 以下,这种程度可以进行接种。

4.人工接种

(1)选择最佳接种期　具体时间因各地气候条件不同而有差异,当日平均气温稳定在 5℃时即可接种,辽宁东部地区适宜在 3 月中旬开始接种到 4 月下旬接种结束,适当提早接种,有利早发菌、早出耳、产量高,同时早期接种气温低,可减少杂菌、害虫的感染。

(2)耳木接种方法　接种操作的程序为打眼→接种→盖盖。

接种前,先打孔,现使用的打眼工具有打眼机、电钻、打孔器和手摇电钻。打孔的深度 1.5～1.8 cm,横向种孔间距离为 4～6 cm,纵向孔间距离为 8～10 cm,孔位成"品"字形(图 3-32)。如适当密植,把纵向种孔间距离缩短至 6～7 cm,有利于发菌和提高产量。

人工接种常用的菌种有木屑菌种、树枝菌种和楔形木块菌种。木屑菌种八成满即可,外用比接种穴直径大 2 mm 的树皮盖,要平,接后穴四周涂蜡为好(但不能涂入穴内)(图 3-33)。接树枝菌种的,种木要与耳木平贴,不覆盖洞口(图 3-34)。

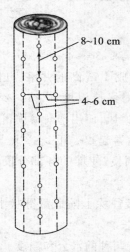

图 3-32　段木上接种洞的株行距

(引自汪昭月主编《食用菌科学栽培指南》,1999 年)

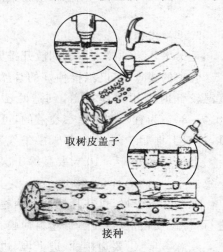

取树皮盖子

接种

图 3-33　木屑菌种接种示意图

(引自汪昭月主编《食用菌科学栽培指南》,1999 年)

采用楔形木块菌种的,要用接种斧或木工凿,在段木上砍凿呈 45°角 2 cm 深的接种口,然后用小铁锤将楔形木块菌种打入接种口,锤紧、锤平。

接种注意事项:①晴暖天气接种,避免雨天接种,晴天要搭遮阳棚,在棚内接种。②接种人员最好戴消毒乳胶手套,打开菌种瓶,刮去表面老皮,用手把菌种瓣成小块。③打穴、接种、盖盖等要连续作业,以保持接种穴、菌种和树皮盖原有的湿度,才有利于菌种的成活。④要成块状接种,适度结实,有利菌丝复原成活。

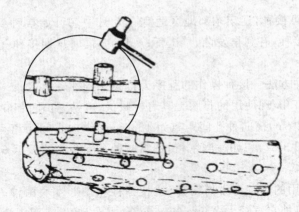

图 3-34 树枝菌种接种示意图

(引自汪昭月主编《食用菌科学栽培指南》,1999 年)

5. 上堆定植

是指木耳菌种接入木段到散开排场这一时期,需要 30～45 天。

管理的要点:将已经接种好的耳木直径大小搭成 1 m 高的井字垛(图 3-35),气温较低时需用薄膜覆盖,创造暖湿小气候(堆内保持温度在 24～28℃,湿度 70%～80%为宜),如用草帘覆盖的,可以不用另行通风;而用塑料薄膜覆盖的耳木堆,一般上堆后 7 天左右,每天中午气温高时把四角卷起或揭开 1～2 h。

上堆后,每隔 7～10 天要翻垛 1 次,上下内外调换,使堆的各部分段木温湿度一致。

如果耳木干燥,可在耳场地面洒些水,或者直接往垛上喷适量雾状水,宜早晚进行,待树皮稍干后,再覆盖塑料薄膜,促进菌丝生长。

注意事项:①要边接种、边上堆、边覆膜,以保持菌种的水分和温度。②在接种 20 天左右,普遍检查一次成活率,要检查菌丝生长情况。具体做法:取下枝条菌种和盖在菌种穴上的树皮,若表面生了白色菌膜,表明接种成活。若穴中出现黄色干燥松散的锯屑菌种,或黑色有黏性的锯屑,应重新补接。若穴内出现黄、红、绿、褐色,是杂菌污染,个别污染的用 75%酒精消毒,普遍污染的,弃之不用。

6. 排场发菌

上堆 30～45 天,段木上有少量耳芽出现,就要散堆排场。

排场。具体做法是用直径 10～15 cm 的圆木作枕木,把耳木一头搭在枕木上,另一端着地,两耳木之间间隔在 5 cm 以上,顺着山坡依次摆放,每排之间距离在 30～40 cm(图 3-36)。

翻堆。排场后每隔 7 天应翻 1 次段,具体做法是:把耳木朝上的一面转到下面,靠地的一面转到上面,每半月结合翻段把耳木上下调头 1 次。

喷水。排场期间,依靠自然降雨和草地表面潮湿的空气,就能满足耳木菌丝生长的需要,若 7 天以上天晴无雨,则应浇水保湿,可连续 4～5 天在早晚给耳木喷水,使耳木充分湿润,然后停水 5～6 天。

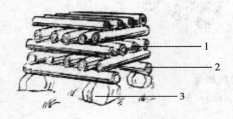

图 3-35　耳木的井字形堆积

1.耳木　2.石块　3.枕木

(引自汪昭月主编《食用菌科学栽培指南》,1999 年)

图 3-36　排场方法

(引自汪昭月主编《食用菌科学
栽培指南》,1999 年)

7.起架管理

当耳木上生出较多耳芽时,把耳木立起,称为起架。

起架前要检查菌丝体的蔓延情况,确定是否能起架。检查方法:把耳木锯断,从横断面看菌丝是否长入中心;或是用刀劈开,从纵切面观察两穴之间的菌丝是否连接,若两穴之间菌丝相连接,才发好菌,便可起架。

起架应选择雨后初晴的天气,将排场的耳木进行逐根检查,凡有一半耳芽长出的耳木即可检出上架。起架方法:用四根 1.5 m 长的木杆,交叉绑成"X"字形,上面架一根横木,然后把检出的耳木交错斜靠在横木上,构成"人"字形的耳架,耳架高度为 30～50 cm,角度为 30°～45°,两根耳木之间留 4～7 cm 间距(图 3-37)。

起架后,水分管理最为重要,此期需要干湿交替的外界环境。一般来说自然界的条件往往不能满足,因此需要喷水。一般晴天每天喷浇一两次水,阴雨天少喷或不喷,天热应早、晚喷水。采用干干湿湿交替的方法进行喷水,有利于子实体的形成和长大。

注意事项:①检查时耳木上耳芽已很多,但菌丝仅长在穴的周围,不能急于起架,要继续排场,让菌丝向纵深发展。②喷水时最好喷雾状水,要喷全喷足,次数根据天气灵活掌握。③上架时,在阳光强烈的地方应搭遮阴棚,做到"七分阳、三分阴",利于生产色深肉厚的木耳。

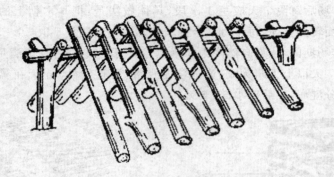

图 3-37　人字形耳架

（引自汪昭月主编《食用菌科学栽培指南》，1999 年）

8.采收

条件适宜时，耳芽经过 7～10 天就可达到商品成熟。采收时，把耳木上下调头，并停止浇水，一般每隔半个月可采收一茬木耳。

凡长大成熟的耳片都应采收。耳片成熟的标志是：耳片舒展，边缘内卷，耳根缩细，肉质肥厚，有白色孢子附着在耳片上。

采收的时间，宜在雨后初晴或晴天早晨露水未干时采收，如遇阴雨天，成熟的耳片也要采摘，以免造成烂耳。采收时用手指顺着齐耳基部摘下，并把耳根处理干净，以免撕破耳片。

（二）黑木耳代料栽培的操作要点

1.代料栽培的常用配方（表 3-7）

表 3-7　黑木耳代料栽培配方

序号	配料
配方一	木屑 78%，米糠 20%，石膏 1%，糖 1%，加水混合即可。
配方二	木屑 70%，棉籽壳 10%，麦麸 18%，白糖 1%，石膏粉 1%，加水混合即可。
配方三	玉米芯 73%，蔗糖 1%，麸皮 5%，石膏粉 1%，棉籽壳 20%，加水混合即可。
配方四	棉籽壳 97%，磷肥 1%，石膏粉 1.5%，石灰粉 0.3%，加水混合即可。
配方五	豆秸 88%，蔗糖 1%，麦麸 10%，石膏 1%，加水混合即可。

其中木屑多用榆树、白桦树、白杨树和柳树等树木的锯末木屑。

配料含水量要达到60％左右。配料过程中,操作要快,一般拌料应在2 h之内完成,拌料力求均匀,混匀拌料可使菌丝生长整齐。酸碱度pH应达到7~7.5,偏高或偏低时可用石膏白灰水进行调节。配完以后,抓取一把配料使劲握紧,在指缝间有少量的水分渗出;伸开手掌要成团,料掉到地面能散开即可。

2.装袋与灭菌

(1)装袋 黑木耳装袋主要选用聚乙烯的材料,规格为17 cm×(28~33) cm的专用菌袋。装袋前先将袋底的两个角向内塞,装入培养料的高度为18~20 cm,压平表面。有条件的可用装袋机进行装袋,一般每袋装干料0.5 kg,装袋时中间打一个20 cm的透气孔套上特质的颈圈,塞上棉塞,以保证氧气的供给,手工装袋时要边装边压料使料装紧压实,上下松紧度一致。然后用纱布擦去沾在袋壁上的培养料,袋口加上塑料颈圈,把袋口向下翻,用橡皮筋或绳子扎紧,再塞上棉塞并罩上牛皮纸,灭菌(图3-38)。

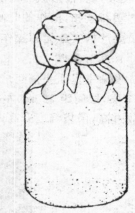

图 3-38 装好培养料的塑料袋
(引自汪昭月主编《食用菌科学栽培指南》,1999年)

(2)灭菌 灭菌的方法多采用常压蒸汽灭菌,灭菌前要将菌袋放入铁制的筐内,避免菌袋挤压(图3-39)。灭菌时可选用常压灭菌箱灭菌,温度为108~130℃,持续灭菌8 h,灭菌时间要从菌袋内温度达到100℃时计算,满8 h后,关掉灭菌箱,再闷3~4 h,待冷却后再取出。

图 3-39 已放入灭菌箱内的菌袋

3. 接种

对经过灭菌后的菌袋,待袋温冷却至 30℃ 以下即可在接种箱内进行接种。接种前要彻底打扫接种室,并用甲醛熏 0.5～1 h 以使接种室保持无菌的状态,而后,可用镊子等将瓶内菌种弄碎,然后将原种瓶口对准袋口,将菌种均匀地撒在代料表面,使袋内料面形成一薄层菌种,再扎好袋口。每袋接种量为 5～10 g,然后按原样套上塑料紧扣,操作的时候动作要快速,以减少操作过程中杂菌污染的机会。工作人员要严格实施无菌操作。

4. 发菌管理

发菌室里面要搭建培养架,培养架宽 1.2～1.5 m,长度不限。层数一般安装 6～7 层,层间距 35 cm 左右。往架上放置菌袋时,不能放置过多,最好为 5～8 层,堆放过高,菌袋温度升高,会造成烧菌现象(图 3-40)。

图 3-40　发菌室的菌袋培养

发菌管理主要是指菌丝的培养,在温度、湿度和光照三方面加以管理。

温度管理:根据木耳菌丝生长对温度的要求,可分为三个温度不同的阶段。

发菌前期(接种后 15 天内):培养室的温度应保持在 20～22℃,使刚接种的菌丝慢慢地恢复生长。空气相对湿度应控制在 55%～65% 之间,若湿度过低,可以向地面喷水,过高可以适当通风。前期不需要光照,要求暗光培育。

发菌中期(接种的 15～40 天):木耳菌丝生长已占优势,将温度升高到 25℃ 左右提高发菌速度。空气相对湿度依然控制在 55％～65％。为了保持上、中、下架的温度一样,可以安装风扇,保持空气流通,以确保温度一致。光照同样采取暗光培养,并保持每天早晚两次通风,每次通风 20 min。

发菌后期(培养将要结束的前 10 天内):把温度降至 18～22℃,后期菌丝在较低的温度下,营养吸收充分生长得比较健壮,此法培养的菌袋出耳早、产量高、抗病力强。在菌丝长满菌袋后,还要培养 20～40 天,空气相对湿度保持在 60％ 左右,采用暗光培育。

操作要点:①根据木耳菌丝生长,温度要掌握好两低一高的原则。②由于袋内培养料的温度往往比室温高 2～3℃,因此,培养室内的温度不要超过 25℃。③培养室内要求空气流通,每天开门窗通风 10～20 min,后期要增加通风的时间和次数。④接种后的塑料袋应放在清洁卫生、干燥、通风条件好的场地。室内温度应在22～25℃ 之间。

5. 开洞培养

在菌丝长满菌袋后,要进行开洞培养。选择阴凉天气,将塑料袋移至栽培室,室温控制在 15～20℃。去掉封口棉塞及塑料环,将上面多余的塑料剪去。而后,在塑料袋周围均匀开洞,每两个洞之间为 5～6 cm,洞的直径为 1 cm 左右。开洞时,避免损伤菌丝。开洞后,在塑料袋上加盖薄膜,增加喷雾次数,且不能直接喷在袋上,以免袋口和菌丝失水(图 3-41)。

经过 45～50 天的培养菌丝,菌丝长满菌袋后,先不要急于催耳,仍然再继续培养 10～15 天,使菌丝充分吃料,集聚营养物质,提高抗霉抗病能力,然后可移入栽培场进行出耳管理。

图 3-41　打孔后出耳的菌袋

6. 出耳管理

(1)温度管理　出耳适宜温度为 10～21℃,当温度高于 28℃ 时容易流耳、烂耳。此时,可通过喷水保持耳片湿润,以抵御高温。在耳棒生长旺盛期间,需要大量氧气,要加强通风增氧;若氧气不足,菌丝长势衰弱,已形成的原基就难长大。经过 10～15 天,耳片平展,子实体成熟即可采收。

（2）湿度管理　水分管理要采取"干干湿湿"原则，根据天气情况喷水，看朵形适度喷水：出幼耳期应少喷轻喷，耳芽长大成熟时，喷水量相应增大，阴雨天和后期可以少喷或不喷水，并加强光照，以防湿度过大，造成烂耳。

在采完第 1 批木耳后，应清除残留耳根，停止喷水，进行"休息养菌"，积累营养，以利基内菌丝恢复生长。还要注意通风并保持环境清洁，每 3～5 天用 1‰～2‰煤酚皂溶液喷雾进行地面消毒。若袋内局部有杂菌出现，应立即挖除，并涂浓石灰水，以防蔓延。采收后，1 周以后可再次形成耳芽。

养菌时间一般 7～10 天，为下批木耳生长提供养分。第二三批用相同的办法进行管理。采两批木耳，菌棒换头一次，使两头出耳均匀。

（3）光照管理　木耳在出耳阶段需要有足够的散射光和直射光，可提高新陈代谢活动，使耳片变黑，变厚，品质好。在春季为了防止木耳水分蒸发过快，通常盖上一层遮阳网（图 3-42）。

图 3-42　出耳期搭建的遮阳网

（4）加强通风换气　黑木耳是一种气性真菌，注意通风，不仅有利于出耳和耳片生长，而且也是防止杂菌的有效措施。

专家提示：①为了防止绿霉菌的产生，出耳期的用水要在阳光下晒过以后再进行滴灌或喷水。在喷水时，喷水管要用黑色管子，白色喷水管很容易经过阳光暴晒而产生绿霉菌。②被杂菌污染（图 3-43）较轻的菌袋，轻易不要废弃。经试验，当杂菌污染不是很严重，在不影响生长的情况下，其出耳率不低于正常的菌袋。

图 3-43 被杂菌污染的菌袋

7. 采收

当耳片八九分成熟时即可采摘(图 3-44),采收前 2～3 天要停止喷水,采收半干耳,易于晾干。超过成熟期采摘,易造成烂耳,并对以后几潮木耳的产量和质量有直接影响。

图 3-44 已可采收的木耳

采收下来的木耳,用清水洗净泥沙杂质,然后在烈日下晒干,若遇阴雨则应及时烘干。烘晒时应单层摊放,互不重叠以免粘连。未干之前不宜翻动,以免耳片卷成拳耳,影响产品质量。

8.保鲜

木耳的耳片含水量较高,处于高温下造成烂耳,所以采收前应停止喷水 3～5 天,采收后及时清除根蒂和培养基,清水漂洗,置通风塑料筐内进 1～5℃冷库贮藏,保存期 10～15 天。库内保持相对空气湿度 85%。

【问题讨论】

1.黑木耳霉菌侵染的原因和防治措施

霉菌侵染原因:

(1)菌袋培养密度过大,空气流通不畅,影响菌丝生长发育,降低抗霉力。

(2)培养料灭菌不彻底,使一些耐热芽孢菌残存并繁殖,容易使菌袋形成豆渣样的"软袋",这种菌袋出耳时易被霉菌侵染。

(3)出耳场地阴暗、潮湿、环境污染严重,同一场地重茬出耳,使环境中霉菌大量滋生。

(4)管理中不注意通风换气,菌袋长期积水或菌袋失水干缩,引起菌丝老化和衰退,均可诱发霉菌的侵染。

防治措施:

(1)选用菌袋抗霉能力强,菌丝生长快,抗逆性强的菌种。

(2)适期挂袋,春栽 4—5 月,秋栽 9—10 月,在 20～25℃的条件下挂袋出耳。

(3)科学管理,注意温度、湿度、光照和空气的管理,尤其要加强通风管理,注意清洁卫生和消毒,避免在同一地方连续多次出耳。

(4)做好场地环境消毒,及时处理污染菌袋,防止霉菌扩散。

2.黑木耳朵型难看、个体大、质量差的防治措施

木耳现存在朵大,耳片多,褶皱多,耳片薄等问题,已不适应现在市场需求,现消费者都喜欢耳片小,朵厚的黑木耳,所以耳农在栽培时应改变传统栽培模式。

防治措施:在开孔洞时,改大孔为小孔,按行距 3 cm、孔距 2 cm 的距离,开孔径为 0.4～0.6 cm 的小孔 100～120 个。开稀孔为密孔。由于耳片小,成熟早,可提前 3～5 天采收。

3.烂耳和流耳的防范措施

(1)做好出耳棚的通风换气工作,减少有害气体和 CO_2 的积聚,喷水后应立即通风,不能喷关门水。

(2)出耳期间避免高温、高湿,耳芽出齐后,揭去塑料膜、草帘,早、晚喷雾状水。

(3)干湿交替,科学管理。白天晴天不喷水,阴天白天可喷水,雨天不喷水;天气炎热采用晚上喷水,早晨少喷水或不喷水。

(4)防止水分积在子实体上;及时摘除病耳或者是在病耳上撒些石灰;采收时要采用正确的采收方法,及时采收成熟的耳片,特别是在高温多雨季节,八九成熟时一起采收。

● **复习思考题**

一、名词解释

桑葚期　珊瑚期　杂菌　上堆定植

二、填空题

1.食用菌的菌种分为(　　　　)、(　　　　)、(　　　　)三种。

2.常用的菌种保藏法有(　　　　)、液状石蜡保藏法(　　　　)、(　　　　)、常温保藏法等。

3.香菇由(　　　　)和(　　　　)两大部分组成,香菇的子实体又由(　　　　)、(　　　　)和(　　　　)三部分组成。

4.菌筒的补水方法有:(　　　　)、(　　　　)、(　　　　)、(　　　　)等。

5.平菇的播种方法很多,有(　　　　)、(　　　　)、(　　　　)和(　　　　)等。

6.滑菇栽培常见的杂菌有:(　　　　)、(　　　　)、(　　　　)、(　　　　)、(　　　　)。

7.杏鲍菇的栽培因所用的培养容器不同,有(　　　　)、(　　　　)和(　　　　)等方式,其中最方便和最实用的是(　　　　)。

8.榆黄蘑的栽培方式有(　　　　)(　　　　)和(　　　　)三种形式。栽培方法有(　　　　)和(　　　　)。

9.黑木耳是由(　　　　)、(　　　　)和(　　　　)三部分组成。

10.黑木耳的栽培方式有(　　　　)、(　　　　)。

三、简答题

1.简述食用菌生长发育所需要的条件。

2.简述香菇代料栽培基本工艺流程图。

3.简述香菇菌筒转色期的常见问题。

4.简述当前香菇代料栽培中的突出问题。

5.平菇主要栽培方式有哪几种?最常用的是哪种?

6.简述平菇发菌期杂菌污染的防治措施。

7.简述平菇袋栽技术的工艺流程。

8.滑菇栽培常见的杂菌有哪些？产生的原因以及解决的办法？

9.简述滑菇木屑箱栽培的工艺流程和栽培配方。

10.简述榆黄蘑培养料的配制与装袋。

11.杏鲍菇菌柄中空应怎样防治？

12.简述杏鲍菇畸形菇的产生和防治。

13.简述黑木耳代料栽培的基本工艺流程图。

14.要避免烂耳和流耳,应该采取什么样的防范措施呢？

15.简述食用菌生长发育所需要的条件。

● 参考文献

[1] 蔡衍山,吕作舟,蔡耿新,等.食用菌无公害生产技术手册.北京:中国农业出版社,2003.

[2] 张金霞.新编食用菌生产技术手册.北京:中国农业出版社,2000.

[3] 上海市农业科学院食用菌研究所.食用菌栽培技术.北京:农业出版社,1985.

[4] 河南农业大学,植保系微生物教研室.食用菌栽培与加工.北京:金盾出版社,1988.

[5] 王文学,傅耀荣.食用菌栽培高产新技术.北京:农村读物出版社,1989.

[6] 陈成基,林晋梅,潘崇环.农家食用菌培植法.北京:科学技术文献出版社,1985.

[7] 杨国良,等.26种北方食用菌栽培.北京:中国农业出版社,2001.

[8] 汪昭月,等.食用菌科学栽培指南.北京:金盾出版社,1999.

[9] 戴希尧,任喜波.食用菌实用栽培技术.北京:化学工业出版社,2015.

项目四　草本花卉生产

　　花卉种类繁多,各种花卉都有其固有的生物学特性,除了对外界环境的要求外,还有自身的生产技术及经济特点。

　　花卉生产是指花卉的产、供、销等各个环节,本项目以露地栽培草本花卉为主要对象,重点介绍其生产计划的制定、花卉种类、品种的选择、繁殖、养护管理操作技术、生产记录的填写等内容。

● 项目目标

　　了解常见花卉的形态、不同花卉种类的生产方式;掌握繁殖方法和生产操作流程;熟悉主要花卉生产的要点;学会生产管理技术。

任务一　一、二年生花卉生产

【知识目标】

　　了解花卉生产的工作内容;理解一、二年生花卉的区别及其特性;掌握一、二年生花卉栽培养护与应用的基本知识。

【能力目标】

　　能识别常用一、二年生草本花卉的种子;能制定一、二年生花卉的生产计划;能熟练完成一、二年生花卉的繁殖、幼苗移栽、定植、养护管理等生产操作流程。

【知识准备】

　　1.一年生花卉

　　在当地栽培条件下,春播后当年完成整个生长发育过程的草本观赏植物。如百日草、鸡冠花、凤仙花、茑萝、牵牛花等。

2.二年生花卉

在当地栽培条件下,秋播后次年完成整个生长发育过程的草本观赏植物。如三色堇、瓜叶菊、紫罗兰、蒲包花、金鱼草等。

3.一、二年生花卉的主要特性

生长迅速、发育期短、在短短几个月的时间即可完成整个生命周期;以种子繁殖为主、繁殖较快;种类繁多、品种丰富、育种容易;花朵繁茂、开花期长;植株健壮、株型较矮;病虫害较少、易于防治;对环境条件要求不严、适应性强;栽培技术简单、管理粗放;植株根系较浅不耐旱、茎叶柔嫩易失水;多为阳性植物、生长期间需要充足的光照;一般要求土壤疏松、肥沃、排水良好。

4.一、二年生花卉的园林用途

一、二年生花卉色彩艳丽,为布置花坛的主要材料,或在花境中按照不同的花色成群种植,也可栽植于岩石园、盆栽或做切花。一年生花卉主要用于夏季园林景观中,二年生花卉则主要用于春季园林景观中。

5.种子播种前的消毒处理

许多花卉的病害可由种子带菌感染,对于易带菌感染的种类播种前需进行消毒,防止花卉幼苗在播种发芽期间遭受病菌侵染而影响种子发芽或感染苗期病害。

常用的消毒措施有:55℃温水浸种 15 min;0.15%～0.2%福尔马林溶液浸种15～30 min,取出后密封 2～3 h,然后将种子摊开,稍阴干后再播种;福尔马林兑水100 倍消毒 10 min;50%多菌灵兑水 500 倍消毒 1 h;苯菌特、福美双、多菌灵等农药拌种,用药量为种子重量的 0.2%～0.3%。

6.一、二年生花卉种子发芽所需天数(表 4-1)

表 4-1　常用一、二年生花卉种子在适温下发芽所需天数

花卉种类	发芽所需天数	花卉种类	发芽所需天数
藿香蓟	4	矮牵牛	5
紫菀	5	福禄考	9
凤仙花	5	大花马齿苋	3
金盏菊	5	一串红	5
翠菊	3	金鱼草	5
鸡冠花	5	紫罗兰	7
小丽花	3	美女樱	5
万寿菊	3	长春花	10
三色堇	3	百日草	3

7.播种育苗时间的长短

依据不同花卉生物学特性及育苗环境的不同,同一种花卉育苗时间有差异(表4-2)。例如冬季温室育苗生育期就要比夏季育苗时间长,同样冬季温室育苗,如果温度高生育期就相对短。

表 4-2　部分一、二年生花卉的育苗环境

花卉名称	地温/℃	气温/℃	出苗时间/天	育苗天数/天
藿香蓟	22	5	5	60
金鱼草	15～20	18～20	6	100(春播)
含羞草	20	25～30	7	60
虞美人	21～23	25～30	5～7	60～80
翠菊	18～22	20～25	3	75～90
美女樱	20	20～25	7	100
鸡冠花	22	25～30	4	60
万寿菊	20～22	20～25	3	60
茑萝	20～25	20～28	5～6	50
一串红	23	20～30	5	90
硫华菊	20	20～25	5	50
花菱草	15～20	15～20	6	60～70
银边翠	20～25	20～25	7	50
天人菊	18～25	18～25	3	60
千日红	20	25～28	4～5	60
麦秆菊	21	25	5	110
凤仙花	21	20～25	7	45
紫罗兰	20～25	20～25	4～5	120
三色堇	18	15～22	6～7	70
百日草	21	25～28	3	60
孔雀草	18～22	18～28	3	50
矮牵牛	21～23	25～30	5～7	60～80

8.营养面积

广义的营养面积包括根系营养面积和光合面积。

为保证秧苗生长有足够的营养面积,播种密度一般不宜过大,出苗后应及时分苗。

采用开沟分苗时,若培育现大花蕾的秧苗,苗间距应在 7～8 cm,如有多余空间也可再大些。容器培育成苗时,育苗钵直径一般为 7～8 cm,容器越小的培养土需越肥沃,以保证育苗的养分需求,容易徒长的花卉秧苗营养面积要相对加大。育苗中后期,当发现秧苗生长拥挤时,可将容器间距适当拉大。

【学习内容】

一、常用一、二年生花卉

1.一串红(图 4-1)

品种可根据其高矮分为三类:矮性品种高 25～30 cm、中性品种高 35～40 cm、高性品种高 65～75 cm。

2.矮牵牛(图 4-2)

根据花朵的重瓣性将品种分为重瓣和单瓣两类。

单瓣品种可分为大花单瓣、中花型、多花型三类品种;重瓣品种多数为美国泛美公司培育的 F_1 代。

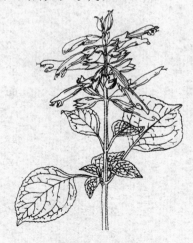

图 4-1　一串红

(引自曹春英主编《花卉栽培》,2001 年)

图 4-2　矮牵牛

(引自曹春英主编《花卉栽培》,2001 年)

3. 三色堇（图 4-3）

可根据颜色分为单色品种类、复色品种类、大花品种类。

4. 鸡冠花（图 4-4）

常见的栽培品种有矮鸡冠（株高仅 15～30 cm）、凤尾鸡冠（全株多分枝而开展）、圆锥鸡冠（具分枝，不开展）。

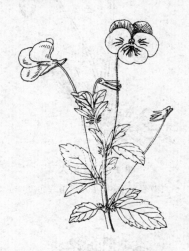

图 4-3　三色堇
（引自曹春英主编《花卉栽培》，2001 年）

图 4-4　鸡冠花
（引自曹春英主编《花卉栽培》，2001 年）

5. 羽衣甘蓝（图 4-5）

根据叶色可分为红紫叶和白绿叶两类；根据叶形可分为皱叶、圆叶、裂叶三类。

6. 虞美人（图 4-6）

主要品系有秋海棠型与花毛茛型、半重瓣及重瓣品种。

7. 茑萝

图 4-7 所示品种为羽叶茑萝，常见栽培品种还有圆叶茑萝。

8. 万寿菊（图 4-8）

可分为矮型（紧凑系列、太空时代系列、安提瓜系列）、中型（丰盛系列、印卡系列、贵夫人系列、奇迹系列）、高型（金币系列、杰出杂种）三类品种。

图 4-5　羽衣甘蓝

（引自曹春英主编《花卉栽培》,2001 年）

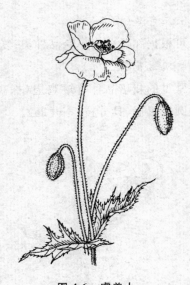

图 4-6　虞美人

（引自曹春英主编《花卉栽培》,2001 年）

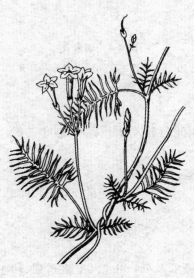

图 4-7　羽叶茑萝

（引自曹春英主编《花卉栽培》,2001 年）

图 4-8　万寿菊

（引自包满珠主编《花卉学》,1998 年）

9. 蒲包花(图 4-9)

蒲包花的品种有许多优良品系,主要有大花系(花径 3～4 cm)、多花矮生系(花径 2～3 cm)、多花矮生大花系(性状介于前两者之间)。现在栽培的多为大花系和多花矮生大花系的品种。

10. 金鱼草(图 4-10)

根据株型分为四个品种:高性品种(株高 90～120 cm。主要有两个品系:蝴蝶系和火箭系)、中性品种(45～60 cm)、矮性品种(15～28 cm)、半匍匐性品种。

图 4-9 蒲包花
(引自包满珠主编《花卉学》,1998 年)

图 4-10 金鱼草
(引自包满珠主编《花卉学》,1998 年)

二、生产操作流程

制定生产计划→种类和品种的选择→栽培场地和设施的准备→整地、作床→繁殖→苗期管理→移栽→定植→灌溉与排水→中耕除草→施肥→整形修剪→花期的调节和延长→留种与采种→种子的干燥与贮藏→生产记录填写

三、生产操作要点

(一)生产计划的制定

花卉生产计划的内容包括:种植计划、技术措施计划、用工计划、所用生产物资

计划、产品销售计划等。

一、二年生花卉的生产计划可按月份编写,对每月的花事做好安排。主要内容为:要种植的一、二年生花卉种类与品种、种植面积、种植数量与规格、供应时间、花苗来源(或繁殖方式的选择)、生产所需的费用(种子、育苗用土、育苗容器、肥料、农药、设施维修等)、预计收入和利润等。

（二）种类和品种的选择

1.常用的一年生花卉

万寿菊、一串红、孔雀草、百日草、麦秆菊、鸡冠花、凤仙花、藿香蓟、翠菊、半支莲、紫茉莉、金盏菊、雁来红、彩叶草、鼠尾草、硫华菊、羽叶茑萝、大花牵牛、长春花、小丽花、含羞草、美女樱等。

2.常用的二年生花卉

矮牵牛、羽衣甘蓝、香雪球、虞美人、花菱草、矢车菊、风铃草、毛蕊花、毛地黄、美国石竹、紫罗兰、桂竹香、三色堇、金鱼草、雏菊等。

表 4-3 为花坛常用花卉种类及品种、特性。

表 4-3　花坛常用花卉种类及品种、特性

种类	品种	颜色	种子数/(粒/g)	发芽率/%	播种到开花所需时间/天
一串红	太阳神、优雅、展望、皇冠	红、白、粉	260～280	85～90	80～100
矮牵牛	梦幻、依格、阿拉丁、凝霜白边	白、粉、桃红、玫瑰红、深红、紫、蓝	7 000～14 000	85～90	100～120
万寿菊	发现、安提瓜、印卡、丰富、甜奶、贵夫人、皇室、奇迹、金币	金、深金、黄、橙	260～380	85～90	60～70
三色堇	皇冠、水晶宫、宾哥、德尔塔	纯色、红、黄、紫罗兰色、橘红、蓝、淡黄、白、玫红	700	80～90	60～75

（三）栽培场地和设施的准备

一、二年生花卉主要用于花坛、花台、花境、花池等栽植。种植前应先选好地点,确定种植区域的大小,形状和相应的图案等,同时对场地进行清理。

花卉育苗常用的设施与设备有:冷床、温床、塑料棚、温室、电热温床、扦插床、

浇水设备、育苗容器、遮阳网以及相应的栽培机具等。

大部分一、二年生花卉通常先在苗床育苗或容器育苗，经分苗和移植，最后再移至盆钵或花坛、花圃内定植。

冷床和温床内填加的土料应提前半年准备并充分消毒，苗床在使用前应晾晒20天左右。温室内的育苗用土可采用旧培养土过筛，在阳光下暴晒1个月左右即可使用。

常用的育苗容器有：育苗盘、营养钵、穴盘、花盆等，育苗前应根据计划准备足量的相应规格容器。

（四）整地作床

1. 整地

一般在头一年的秋季或4月份，于播种或栽植前进行整地。

选择管理方便、地势平坦、光照充足、土质疏松肥沃、水源便利、排水良好的地块，表土最好为壤土或沙壤。

整地深度根据土壤质地定，沙土宜浅，黏土宜深，一般控制在20～30 cm即可。

整地应先将土壤翻起，使土块细碎，并清除石块、瓦片、残根、断茎和杂草等。结合整地可施入一定的基肥，如堆肥和厩肥等，也可以同时改良土壤的酸碱性。

2. 作床

一、二年生草花的露地栽培多用苗床栽培的方式。常用的有高床和低床两种形式，北方多用低床，床宽1～1.5 m，长度视地块而定，床两边有小埂，既能保水又便于灌溉，小埂的高度应根据灌水量的大小和灌溉方式来定，床面宽、水量大床埂应适当加高。

（五）繁殖

1. 露地直播

露地直播主要应用于不耐移栽的种类，如羽叶茑萝、大花牵牛、矮牵牛、虞美人、花菱草、重瓣罂粟、霞草、飞燕草、矢车菊、银边翠、紫茉莉等。

一年生花卉在春季晚霜过后，即气温稳定在大多数花卉种子萌发的适宜温度时可露地播种，抚顺地区露地直播可在4月中下旬进行。

二年生花卉一般在秋季播种，北方多于9月中旬进行，其种子发芽要求的适宜温度较低，过早播种不易萌发，在保证出苗后根系和营养体有一定的生长即可；在冬季特别寒冷地区，则在春季播种，作一年生栽培。

2. 播种育苗

为了提早开花或开花繁茂，可借助于温室、温床、冷床等保护设施提早播种育苗。

抚顺地区,一年生草本花卉通常在 2 月中旬至 3 月初于温室提前播种育苗,二年生花卉可于 1 月份开始播种。

生产上根据花卉品种的生物学特性和需花日期,确定播种期。例如一串红"火焰"要"五一"供花,其生育期约为 90 天,需要在 1 月上旬播种;而国庆节供花的,需要在 6 月中旬播种。

(1)育苗盘播种 育苗盘所用的播种基质应无毒无虫,透气排水良好,pH 稳定。不能在基质中施肥,只保留基质原来携带的营养成分。

把苗盘内装上配好的床土后,用手将土压实,床土的平面比育苗盘的上沿低 2 cm 左右,再用板刮平,用细眼喷壶浇透水。

小粒种子撒播,大、中粒种子点播。极其细小的种粒在播种后一般不覆土或掺土播,较大一点的种子覆土厚度以种子大小的 2 倍左右为宜。

播后可在苗盘上覆盖地膜或玻璃,以保温、保湿。喜光的花卉只要保湿即可,不喜光的需要在育苗盘上盖一层报纸,以达到遮光的效果。在出苗前若基质出现干燥时应及时喷湿喷透,以保证种子有足够的水分供应,避免种子僵苗死苗。

浇水应用清水,切忌浇肥水或污水,只有在苗长出真叶后,方可浇施低浓度的肥水,但还是以根外喷肥为佳,一般喷施 0.1%~0.2% 的尿素和磷酸二氢钾溶液,即可达到苗需的营养。

(2)穴盘播种 用于播种的基质可选用泥炭土、蛭石和珍珠岩等。最理想的基质是进口播种专用泥炭,也可用国产泥炭,或优质腐叶土与珍珠岩混合物。播种后的覆土基质通常选用蛭石。

穴盘的大小要根据种子的大小确定。目前市场销售的穴盘规格主要有 50 穴、72 穴、105 穴、128 穴、200 穴、288 穴等多种型号。大粒种子(如紫茉莉等)可选用 50 穴或 72 穴;中粒种子(如一串红、万寿菊、百日草等)可选用 72 穴或 105 穴;小粒种子(如三色堇等)可选用 105 穴或 128 穴;而微粒种子(如矮牵牛、半枝莲等)可选用 200 穴或 288 穴。对于已使用过的穴盘,必须要进行清洗、消毒并经干燥后才可继续使用。

播种前用配制好的基质填装穴盘,可机械操作也可人工填装。注意使每个穴盘孔内的基质填装均匀,并轻轻镇压,基质不可装得过满,应略低于穴盘孔,留好覆土的空间。

播种的前一天将装填的穴盘浇透水,即以穴孔底部有水渗出为宜。淋湿的方法可以采用自动间歇喷水或手工多遍喷水的方式,让水分缓慢渗透基质。

播种后立即用蛭石覆盖,覆盖厚度以完全覆盖种子为宜,微粒种子(比如矮牵牛）一般不覆土。覆土后再用地膜覆盖，以便于保湿。

3. 扦插

有些多年生作一、二年生栽培的花卉种类可以进行扦插繁殖，如金盏菊、半枝莲、一串红、万寿菊、彩叶草等。

扦插基质采用珍珠岩为最佳，也可采用河沙、泥炭、蛭石等经消毒处理的培养土等。

扦插在整个生长期均可进行。插条长度因种类不同可剪取 5～10 cm 不等；一、二年生花卉的茎较脆嫩，插前可先用略粗于插条的细木棍在基质上打孔，再将插条插入孔内，孔的间距 5～8 cm，孔深与扦插深度相同，扦插深度为插条长度的1/3，插好后用手将基质按实；插完一床后立即洒水。

扦插后温度控制在 16～22℃，扦插床内土壤含水量不超过 65％ 为宜，空气相对湿度保持在 85％ 以上，扦插期适当遮阴管理。

（六）苗期管理

如果是经播种或自播于花坛、花境中的种子萌发后，仅施稀薄液肥，并及时灌水，但要控制水量，防止水多造成根系发育不良并引起病害。

幼苗出土后，由于其根系分布较浅，抗旱能力弱，浇水要采用细雾喷水，少量多次，保持土壤湿润即可，不可多浇，注意控制空气湿度，加强通风，防止徒长和病害发生。从真叶长出到成苗，浇水需要见干见湿。苗期避免阳光直射，应适当遮阴，但不能引起黄化。

子叶展平后，应当追肥。苗期肥料用量不大，但是要求比较高，生产上建议用"花多多"、"花娇俏"等花肥，比较安全有效。当真叶长成后，营养液应加入适量的微量元素，根据不同花卉种类生长发育需求添加，如三色堇易缺硼和铁，鸡冠花易缺钙和铁。

为了培育壮苗，苗期还应进行间苗或分苗，间苗在子叶长出后立即进行。间苗分多次完成，晚霜过后进行最后一次间苗。由于一、二年生花卉多进行育苗，育苗期间应进行移苗，移出的苗栽入苗圃或苗床，或囤放假植。

（七）移栽

穴盘中的苗于 4 月上旬进行一次移植，5 月中旬即可定植。育苗盘中的苗出齐后进行分苗，可一次栽入苗床培育，或先是按 2 cm 左右间距栽入，后再进行第二次移苗，也可直接移入花钵中，定植时带土坨坐水移栽，成活率高。

移栽的方法可分为裸根移栽和带土移栽。裸根移栽主要用于小苗和易成活的大苗；带土移栽主要用于大苗。移苗最好选在阴天进行。

移栽的具体过程如下：起苗应在土壤湿润的条件下进行，以减少起苗时根系受伤，如果土壤干燥，应在起苗前一天或数小时前充分灌水。裸根苗，先用铲子将苗带土同时挖起，然后将根群附着的泥土轻轻抖落，注意不要拉断细根和避免长时间暴晒或风吹；带土苗，先用铲子将苗四周的泥土铲开，然后从侧下方将苗挖起，尽量保持土坨完整。起苗后可摘除一部分叶片以减少蒸腾，但不宜摘除过多。

移栽的株行距比定植的密些。移栽时边栽植边喷水，一床全部栽植完后再进行浇水。移植后数日内应遮阴，以利恢复生长。

（八）定植

一、二年生花卉一般于 5 月中旬，按预先设定的地块和图案栽植于露地。栽植的方法可分为沟植、孔植和穴植。沟植是按一定的行距开沟栽植；孔植是按一定的株行距打孔栽植；穴植是按一定的株行距挖穴栽植。

定植的株行距依花卉种类而异，生长快者宜稀，生长慢者宜密；株型扩张者宜稀，株型紧凑者宜密。一、二年生花卉定植株行距通常为 30 cm×40 cm，如做密集栽植也可适当缩小间距，如植株生长快、冠幅大则可适当加宽间距。

裸根苗栽植时，应使根系舒展，防止根系卷曲，覆土时用手按压泥土，按压时用力要均匀，不要用力按压茎的基部，以免压伤；带土苗栽植时，在土坨的四周填土并按压，使土坨上沿低于土面或与土面齐平。

栽植完毕后用喷壶充分灌水，第一次充分灌水后，在新根未发之前不要过多灌水，否则易烂根。

（九）灌溉与排水

一、二年花卉可采用地面灌溉、地下灌溉和喷灌等方式，浇水量以田面积水在停止灌溉后 20 min 之内全部渗入土中为宜。灌水渗入土层的深度应达 30～35 cm。

定植时要充分浇水，定植后 3～4 天再浇一遍水，由于一、二年生花卉根系较浅，多数种类容易干旱，栽培过程中要经常进行灌溉，以免造成缺水萎蔫。雨季注意排水。

（十）中耕除草

中耕可结合除草进行，雨后和灌溉后的 2～3 天内要及时中耕，深度 3～5 cm 为宜。除草掌握"除早、除小、除了"的原则。

（十一）施肥

一、二年生花卉对氮、钾的要求较高，施肥以基肥为主，生长期可以视生长情况适量施肥。

栽植前要施足底肥，开花前最好施一次稀薄的人粪尿，则开花大而色彩艳。

一、二年生花卉在幼苗期需肥较少,追肥主要是促进其茎叶生长,可适量施入一些氮肥,但需要量不多,在以后的生长期间,磷、钾肥逐步增加。

（十二）整形修剪

1. 摘心、抹芽

摘心往往会延迟花期,因此对于需要早开花的、分枝较多的、植株较矮小的、花在主枝上开的类型不做摘心。不宜做摘心的种类有:鸡冠花、凤仙花、蜀葵、毛地黄等。

对于植株徒长过于高大的、分枝稀疏花果少的、要求植株高矮一致专供花坛栽植的花卉则需摘心。需要摘心的种类有:三色堇、蓝花亚麻、金鱼草、石竹、金盏菊、霞草、柳穿鱼、高雪轮、千日红、百日草、银边翠等。

对于生长期长的花卉,为了使植株整齐,株型丰满,促进分枝或控制植株高度,常于生长初期摘心。如万寿菊、波斯菊等。

对于仅为了使植株生长整齐的,可在苗长到10～15 cm,有4～5片叶时摘心。如一串红、矮牵牛、金盏菊、万寿菊、波斯菊、百日草、千日红、金鱼草、桂竹香、福禄考等。

有时为了促使植株生长,减少花朵数目,使营养供给顶花,而摘除侧芽称为抹芽。如鸡冠花、观赏向日葵等。

2. 支柱与绑扎

一、二年生花卉中有些株型高大,上部枝叶花朵过于沉重,遇风易倒伏,还有一些蔓生性植物,均需进行支柱绑扎才利于观赏。

植株较高、花较大的花卉,如小丽花、重瓣向日葵等,用单根竹竿或木棍支撑。

蔓生性植物,如牵牛、茑萝可直播或种子萌发后移栽至木本植物的枝杈或篱笆下,让其植株攀援其上,并将其覆盖。

3. 剪除残花与花莛

对于连续开花且花期长的花卉,如一串红、金鱼草、石竹类等,花后应及时摘除残花,剪除花莛,不使其结实,同时加强水肥管理,以保持植株生长健壮,继续开花繁密,花大色艳,还有延长花期的作用。

（十三）花期的调节和延长

喜高温、花期长的花卉,如一串红等,为使其提前开花,可将其播种期提前,于温室中育苗,5月即可开花,观赏期可延长一个多月。

喜温暖、花期短的花卉,如翠菊、凤仙花、瓜叶菊等,为延长观赏可进行分期播种。翠菊可于3月上旬播种,花期7月中旬至9月中旬;凤仙花在7月上旬播种可于"十一"开花;瓜叶菊可分期在 4、6、10 月播种,花期可在 11 月、次年 2 月、4 月及"五一"节前后共开花 5 个月之久。

喜冷凉、不能忍受夏季高温的花卉,如飞燕草、重瓣罂粟、矮雪轮等,可在 1 月底 2 月初于温室提前育苗,才能延长花期。

春季开花、夏季休眠、秋季重新开花的花卉,如三色堇、香雪球、花菱草、金盏菊、石竹、福禄考等,夏季需剪除残花和枯枝。

花期极短的花卉,如满天星,可进行多次播种,以延长其观赏期。

及时剪除残花、加强肥水管理也可适当延长花期。

(十四)留种与采种

一、二年生花卉多用种子繁殖,留种采种是一项繁杂的工作。一般留种应选阳光充足、气温凉爽的季节,此时结实多且饱满。

采种应有专人负责,及时采收,不要落地的种子,采收当时要标上品种名称。

采收时期因种类和品种不同则要求不同。

花期长、能连续开花的一、二年生花卉,采种应多次进行,如凤仙花、半支莲在果实黄熟时;三色堇当蒴果向上时;罂粟花、虞美人、金鱼草是当果实发黄,刚成熟即可采收。一串红、银边翠、美女樱、醉蝶花、茑萝、紫茉莉、福禄考、飞燕草、柳穿鱼等需随时留意采收。翠菊、百日草等菊科草花需当头状花序花谢发黄后采取。

容易天然杂交的草花,如矮牵牛、雏菊、矢车菊、飞燕草、鸡冠花、三色堇、半支莲、福禄考、百日草等,必须进行品种间隔离种植方可留种采种。还有如:石竹类、羽衣甘蓝等花卉需要进行种间隔离才能留种采种(表 4-4)。

表 4-4　花卉品种间隔离参考距离　　　　　　　　　　　　　　　　m

花卉种类	品种间距离
三色堇、飞燕草	30
翠菊、紫罗兰、一串红、半边莲、百日草	50
矮牵牛、金鱼草、福禄考	200
石竹	250
桂竹香、蜀葵	350
波斯菊、万寿菊、金盏菊、矢车菊	400

目前,许多一、二年生花卉品种为杂交一代种子,如矮牵牛、万寿菊等,其后代性状会发生广泛分离,不能继续用于商品生产,每年必须通过多年筛选的父母本进行制种。生产单位每年需重新购买种子。

（十五）种子的干燥与贮藏

在少雨、空气湿度低的季节，最好采用阴干的方式，如需暴晒时应在种子上盖一层报纸，切忌夏季直接日晒。

种子应在低温、干燥条件下贮藏，尤忌高温高湿，以密闭、阴凉、黑暗环境为宜。

（十六）花卉生产管理记录的填写

花卉生产管理记录包括栽培记录、栽培环境记录和产品记录。

栽培记录包括栽培安排与各项操作工序，如栽植、移苗、摘心、修剪、化学调控、收获季节，化肥、农药、生长调节剂使用日期与效果以及各项操作的劳力预算等。

栽培环境记录包括温度、光照、湿度、土壤基质、病虫害发生和各种可见观察记录。

产品记录主要集中在花卉生长期，包括开花、盆栽收获的数量、日期、等级或质量。

【知识链接】

1. 常用一、二年生花卉的习性（表 4-5）

表 4-5 常用一、二年生花卉的主要习性

序号	名称	科属	主要生活习性					
			温度	光照	土壤	肥料	水分	花期
1	一串红	唇形科 鼠尾草属	耐寒性 较差	喜光 耐半阴	肥沃 疏松土	喜肥	中等水分	7—10 月
2	万寿菊	菊科 万寿菊属	耐寒	喜阳光 充足	适应性强	中等肥力	耐旱 怕湿	6—10 月
3	矮牵牛	茄科 矮牵牛属	喜温暖 不耐霜	喜阳光 充足	沙质土	中等肥力	需水多 怕雨涝	4—10 月
4	三色堇	堇菜科 堇菜属	较耐寒 喜凉爽 不怕霜	日照不良 开花不佳	喜肥沃 疏松土	喜肥	喜湿润	4—6 月
5	鸡冠花	苋科 青葙属	喜湿热 不耐霜	喜阳光 充足	沙壤土	喜肥 不耐瘠薄	忌积水	7—10 月
6	丛生 福禄考	花荵科 福禄考属	喜温暖 稍耐寒 忌酷暑	喜光 稍耐阴	忌盐碱	不宜多肥	忌水涝	5—6 月

续表 4-5

序号	名称	科属	主要生活习性					
			温度	光照	土壤	肥料	水分	花期
7	羽衣甘蓝	十字花科 甘蓝属	耐寒耐 热喜凉	喜阳光	耐盐碱	极喜肥	中等水	
8	花菱草	罂粟科 花菱草属	较耐寒 忌高温	喜阳光	沙壤	中等肥力	较耐旱	5—7月
9	虞美人	罂粟科 罂粟属	耐寒 怕暑热	喜光	沙壤土 或壤土	不宜多肥	忌积水	3—6月
10	茑萝	旋花科 茑萝属	喜温暖 不耐寒	喜光照 充足	疏松	耐瘠薄	耐干旱	7—9月
11	百日草	菊科 百日草属	忌酷暑	喜阳光	不择土	耐瘠薄	耐干旱 忌水湿	6—10月
12	孔雀草	菊科 万寿菊属	喜温暖	阳光足	不择土	中等肥力	中等水	6—10月
13	麦秆菊	菊科 蜡菊属	不耐寒 忌酷热	喜光	沙质土	喜肥	中等水	7—9月
14	凤仙花	凤仙花科 凤仙花属	耐热 不耐寒	喜阳光	肥沃微 酸土壤	喜肥	需水多	6—8月
15	半枝莲	马齿苋科 马齿苋属	喜温暖 不耐寒	阳光充足	不择土	不喜肥 耐瘠薄	不喜水	6—10月
16	美女樱	马鞭草科 马鞭草属	较耐寒	喜阳光 不耐阴	不择土	中等肥力	不耐旱	5—10月
17	金鱼草	玄参科 金鱼草属	较耐寒 不耐热	喜光也 耐半阴	中性或 稍碱土	喜肥	喜水	7—8月
18	金盏菊	菊科 金盏菊属	怕炎热 较耐寒	喜阳光 充足	不择土壤	中等肥力	怕潮湿	5—9月
19	雏菊	菊科 雏菊属	耐寒不 耐酷热	能耐半阴	沙质壤土	耐瘠薄 中等肥力	不耐水湿	5—6月
20	千日红	苋科 千日红属	喜温暖	喜光	疏松 沙质土	喜肥	怕积水	8—10月
21	五色苋	苋科 虾钳菜属	不耐寒 不耐热	阳光足	喜肥沃 黏质土	需肥中等	不耐旱	

续表 4-5

| 序号 | 名称 | 科属 | 主要生活习性 | | | | | |
			温度	光照	土壤	肥料	水分	花期
22	翠菊	菊科 翠菊属	耐寒不 喜酷热	喜光	沙壤土 或壤土	喜肥	怕水涝	7—10月
23	地肤	藜科 地肤属	喜温暖 不耐寒	喜光	耐盐碱 壤土	中等肥力	耐旱	
24	向日葵	菊科 向日葵属	喜温暖 不耐寒	喜光 不耐阴	不择土	喜肥	中等水分	7—9月
25	瓜叶菊	菊科 瓜叶菊属	不耐高 温霜冻	喜光 忌烈日	疏松	喜肥	中等水分	12至次 年4月
26	蒲包花	玄参科 蒲包花属	不耐寒 不耐热	喜光照 忌暴晒	微酸性 沙土	喜肥	忌高湿	2—5月
27	彩叶草	唇形科 彩叶草属	喜温	喜光夏 季遮阴	疏松	喜肥	喜湿	
28	四季报春	报春花科 报春花属	不耐寒 怕高温	需遮阴	偏酸性 土壤	中等肥力	较耐湿	1—5月
29	紫罗兰	十字花科 紫罗兰属	耐寒 怕暑热	喜光	壤土	喜肥	中等水分	4—5月
30	飞燕草	毛茛科 翠雀属	喜冷凉	喜光	沙质土	中等肥力	中等水分	5—6月

2. 花卉种子的大小等级的界定

花卉种子的大小不同,播种要求不同,为便于播种操作,可将种子按照千粒重的大小进行分级(表 4-6)。

表 4-6 花卉种子的分级

种子级别	千粒重/g	花卉举例
很大的种子	大于1 000	荷花、唐菖蒲、大丽花、大花美人蕉
大粒种子	100~1 000	蛇瓜、苦瓜、紫茉莉
中粒种子	10~100	牵牛、金盏菊、仙客来、观叶甜菜
小粒种子	1~10	凤仙花、百日草、万寿菊、一串红、美女樱、翠菊、花菱草、三色堇、飞燕草
很小粒种子	0.1~1	鸡冠花、紫罗兰、霞草、矮牵牛、彩叶草、金鱼草、大花马齿苋、藿香蓟、蒲包花、石竹、麦秆菊、矮雪轮、雏菊
微粒种子	小于0.1	柳穿鱼、毛地黄、大岩桐

引自赵庚义等《草本花卉育苗新技术》,1997年。

3.草本花卉的播种量

在大面积绿化时,需要培育大量草本花卉苗,制定生产计划时,必须根据需要准备足量的种子,以培育足够的秧苗。

用种量可以每平方米播种床用种子数(播种密度)计算(表 4-7)。播种密度取决于种子的大小、发芽率、床土温度、籽苗在播种床上保留时间。

表 4-7　部分草本花卉播种密度 g/m²

花卉种类	播种密度	花卉种类	播种密度	花卉种类	播种密度
藿香蓟	1.5	凤仙花	45	三色堇	10
蜀葵	90	含羞草	40	百日草	50
金鱼草	2	紫茉莉	300	羽衣甘蓝	20
金盏菊	60	虞美人	3	紫罗兰	5
翠菊	20	矮牵牛	1.5	樱草	15
观赏辣椒	50	大花马齿苋	2	瓜叶菊	4
鸡冠花	8	万寿菊	20	大岩桐	1
醉蝶花	12	一串红	25	冬珊瑚	20
麦秆菊	8	美女樱	20	大丽花	75

引自赵庚义等《草本花卉育苗新技术》,1997 年。

4.草本花卉的出苗障碍

育苗过程中由于多种原因常常发生出苗障碍,造成出苗率和整齐度没有达到预期的效果,主要表现为:不出苗或出苗很少、出苗不整齐、籽苗带种皮出土、发霉或死苗。给予适宜的温度条件多数草本花卉从播种到出苗仅需要几天时间,为避免出苗障碍,保证苗齐、苗全、苗壮,必须细心操作,经常检查。

草本花卉出苗障碍发生的原因如下:

种子自身原因引发。种子的大小和质量不一,出苗时间不一致;种子的生活力低,出苗少;品种纯正程度不够,出苗不整齐;种子的纯净度不高,出苗不均匀;病虫害侵袭,死苗或不出苗。

环境条件不适引发。土壤带菌、持水性低、通透性差、缺乏秧苗生长所需的矿质营养或盐浓度太高、酸碱度和碳氮比不适宜、覆盖用土使用不当等;地温过高或过低;水分过多或过少。

种子及土壤处理技术不当引发。

任务二 宿根花卉生产

【知识目标】

了解宿根花卉的园林应用特点,所栽地区的环境条件;熟悉宿根花卉的生态习性;掌握宿根花卉的栽培养护方法。

【能力目标】

熟悉宿根花卉的生产流程,能正确选择适合当地生产的花卉种类,能熟练进行宿根花卉的繁殖,能进行宿根花卉的日常养护(浇水、施肥、病虫害防治)。

【知识准备】

1. 宿根花卉

植株的根部冬季宿存于土壤中,来年春季能够重新萌芽生长的多年生草本花卉。

2. 宿根花卉的生长特点

具有存活多年的地下部分,种植后可连续数年开花。多于春夏季节萌芽、生长、开花、结实,秋季将大部分营养物质运往根部贮存。耐寒性宿根花卉可露地栽培,冬季休眠;不耐寒宿根花卉冬季叶片保持常绿。

3. 宿根花卉的繁殖方法

以分株繁殖为主,也可采用扦插繁殖、有些种类还可播种繁殖。

分株繁殖多在休眠期进行。春季开花的种类,常于秋冬季进行;秋季开花的种类,于春季进行。

宿根花卉一次栽种多年生长,需定期更新复壮。栽培数年后,株丛拥挤、长势衰退、开花稀疏、病虫害增多,此时应分株重新栽植。

扦插繁殖可用茎段或根。

4. 宿根花卉的园林应用

生长强健,根系较强大,入土较深,抗旱及适应不良环境的能力强,一次栽植后可多年持续开花。宿根花卉种类繁多,对土壤和环境的适应能力存在着较大的差异。有些种类喜黏性土,而有些则喜沙壤土。有些需阳光充足的环境方能生长良好,而有些种类则耐阴湿。

在栽植宿根花卉的时候,应根据不同的栽植地点选择相应的宿根种类。在墙边、路边栽植,可选择那些适应性强、易发枝、易开花的种类,如萱草、射干、鸢尾等;而在广场中央、公园入口处的花坛、花境中,可选择喜阳光充足,且花大色艳的种类,如菊花、芍药、耧斗菜等;紫萼等可种植在林下、疏林草坪等地;蜀葵、桔梗等则可种在路边、沟边以装饰环境。

【学习内容】

一、常用宿根花卉

1.菊花(图 4-11)

按照栽培和应用方式可分为:盆栽菊、造型艺菊、切花菊、花坛菊四类。

花坛菊主要用于布置花坛和岩石园,常用株矮枝密的多头型小菊。

2.荷包牡丹(图 4-12)

除粉红色品种外,还有白色变种。

图 4-11 菊花

图 4-12 荷包牡丹

3.芍药(图 4-13)

芍药主要依据其雌、雄蕊的瓣化程度,花瓣的数量以及重台花叠生的状态等按花型分类。雄蕊瓣化后成为长形和宽大的花瓣,雌蕊的瓣化形成重瓣花的内层,使花瓣数量增加。

4.蜀葵(图 4-14)

主要有 3 种花型:堆盘形(外部有 1 轮大花瓣,中间聚集许多小花瓣)、重瓣形、单瓣形。

图 4-13 芍药

图 4-14 蜀葵

5. 萱草(图 4-15)

常见的栽培品种有:黄花萱草、大苞萱草、大花萱草等。

二、生产操作流程

生产计划的制定→种类和品种的选择→栽培场地和设施的准备→整地、作床→繁殖→幼苗期管理→间苗与移栽→定植→灌溉与排水→中耕除草→施肥→整形修剪→花期的调节→病虫害防治→越冬防寒→生产记录填写

图 4-15 萱草

三、生产操作要点

(一)生产计划的制定

宿根花卉的生产可按年度、季度、月份分别做好计划。对每年、季、月的花事做好安排,并做好跨年度花卉的继续培养计划。包括种植计划、技术措施计划、用工计划、生产资料计划、产品销售计划等。

种植计划主要内容为:要种植的宿根花卉种类与品种、规格、预计种植年限、种植面积和数量、供花时间、花苗来源等。

生产资料计划内容为:所需的费用(种苗、育苗用土、育苗容器、肥料、农药、设施维修等)。

用工计划内容为:用工人数、工人工资。

产品销售计划内容为:出售时间、数量、价格等。

(二)种类和品种的选择

根据栽培形式选择种类和品种,且要充分了解各类宿根花卉的习性特点。

(1)露地生产　北方常用的花卉有:芍药、荷包牡丹、紫萼、萱草、黑心菊、景天类、耧斗菜、金鸡菊、霞草、荷兰菊、石碱花、宿根福禄考、紫松果菊、石竹、剪秋罗等。

(2)温室生产　主要有:香石竹、花烛、长春花、香叶天竺葵等。

(三)栽培场地和设施的准备

露地栽培宿根花卉的场地要求土层深厚、表土疏松。同时要有灌溉、遮阴、耕作工具及覆盖保温材料等。

在北方需要保护地栽培的宿根花卉较多,在对其进行栽培前需充分了解其对光照、温度、湿度、水分、土壤、营养和空气等条件的要求,充分了解当地的气候条件,选择适宜的保护地栽培设施及生产用容器、生产床及生产工具、生产资料等。

(四)整地、作床

整地的时间应在土壤干湿适度时进行,一般在土壤持水量 40%~50% 时进行。

宿根花卉的根系发达,入土较深,因其一次种植后可多年生长,种植前应对土壤进行深翻,整地深度一般为 40~50 cm。如果土壤过于贫瘠或土质不良,可将上层 30~40 cm 土壤换客土或培养土。

深翻土壤的同时大量施入有机质肥料,以保证较长时期的良好土壤条件。不同生长期的宿根花卉对土壤的要求也有差异,一般在幼苗期间喜腐殖质丰富的疏松土壤,而在第二年以后则以黏质壤土为佳。

北方露地栽植常作床,床宽 1.2~1.5 m。

(五)繁殖

1.播种繁殖

宿根花卉种类繁多,可根据不同类别采用不同的繁殖方法。凡结实良好,播种后一至两年即可开花的种类,如蜀葵、桔梗、耧斗菜、除虫菊等常用播种繁殖。繁殖时期可依不同种类而定,夏秋开花、冬季休眠的种类进行春播;春季开花、夏季休眠的种类进行秋播。

2.分株繁殖

有些种类,如菊花、芍药、玉簪、萱草、铃兰、鸢尾等,常开花不结实或结实很少,而其植株的萌蘖力却很强;还有些种类,尽管能开花并生产种子,但种子繁殖需较长的时间才能完成。对于上述花卉种类均采用分株法进行繁殖。

分株的时间,可按开花期及耐寒力来决定。为了不影响开花,春季开花且耐寒力较强的种类应在头一年秋季或初冬分株,如芍药、荷包牡丹等;夏秋开花的宜在早春萌芽前分株,如桔梗、萱草、宿根福禄考等;而石菖蒲等则春秋两季均可进行。

3.扦插繁殖

香石竹、菊花、地被菊、荷兰菊、五色苋等,常可采用茎段扦插的方法进行繁殖。选择健壮的茎,截成8~10 cm长的小段,去除下部的部分叶片,插入基质中,保持一定的温湿度,很快即可生根。扦插四季均可进行,但以春秋两季为好。

宿根福禄考、芍药等可用根插法进行繁殖。选择粗壮的根系,可视情况将其截成3~15 cm长的小段,插于湿润的基质中,即可萌发长成新株。

(六)幼苗期管理

宿根花卉在育苗期间应注意灌水、施肥、中耕除草等养护管理措施。

因植株过小,宜使用细孔喷壶或雾状喷灌系统喷水,以免水力过大将小苗冲倒并玷污叶面。幼苗栽植后的灌溉对成活关系甚大,幼苗会因干旱而使生长受到阻碍,甚至死亡。一般情况下在移植后要随即灌一次透水;过3~4天后,灌第二次水;再过5~6天,灌第三次水。有些在盛夏易染病的宿根花卉应控制环境湿度。

灌水完成后要及时松土,除草随时进行。

幼苗时期的追肥,主要目的是促进其茎叶的生长,氮肥成分可稍多一些,生长期应以施磷、钾肥料为主。

(七)间苗与移栽

1.间苗

间苗工作通常在真叶发生后进行,不宜过迟,过迟易造成幼苗徒长,生长瘦弱。

间苗时要去除下列几种苗:生长柔弱的苗、徒长的苗、畸形的苗、异种苗及异品苗。

间苗应分数次进行,不宜一次间得过稀。最后一次间苗称为"定苗",间苗时要小心,尽量不要牵动留下的幼苗,以免损伤根系,一般在雨后或灌水后用手拔除,间苗后要浇水一次,使土壤与留下苗的根系密接,有利于留苗的生长。重瓣性较强的花苗往往生长很慢,因此在间苗工作中要特别注意,间下的幼苗,若为移植容易成活的种类,仍可利用另行栽植。

2.移栽

一般在幼苗长出4~5片叶、苗高5 cm左右时进行。在挖取花卉的秧苗时,不要损伤苗根,要尽可能使苗根上多带些"护心土"。

移栽最好在阴天或下雨之前进行,也可在晴天的傍晚或小雨天进行,以土壤不干不湿为宜。晴天、干燥天气或刮大风的天气水分蒸发量大,花卉容易萎蔫,不宜进行移栽;大雨时或大雨后移栽不利于花卉生长,因雨天地温低,而且土壤浸水后板结,根须不能舒展,土壤的透气性又差,移栽后生长缓慢。

移栽前要分清品种,避免混杂,挖苗与种植配合,随时挖取,随时种植。大株的宿根花卉移栽时要进行根部修剪,剪去受伤根、腐烂根和枯死根。

移栽前应把土块打碎,使土壤疏松,将花卉移入栽植穴后以细土填入根部,也可在土中施入一些有机肥料,随后将土压实,浇足水。栽完后,还应注意保持土壤湿度,避开日光直射或搭遮阳网。

(八)定植

宿根花卉一次栽种后生长年限较长,植株在原地不断扩大占地面积,因此在栽培前要预计种植年限,并留出适当的空间。

定植前要确定好栽植的株行距,不能过密也不能过稀,通常按照花冠幅度的大小确定,以植株长大后两株之间即能互相衔接但又不挤压为宜。宿根花卉的定植株行距一般为40~50 cm,株型大的则可适当加大。

(九)灌溉与排水

宿根花卉移植过程中,花苗根系会受到一定的损伤,因而吸收能力减弱。如果这时没有充足的水供根系吸收,就会导致花卉受干旱而枯死。为此,移栽后需连续浇3次透水,每次浇水后均需及时覆土。花卉成活后要注意适时适量浇水。

宿根花卉在返青和迅速生长的春季,正是春旱时间,此时要浇充足的水,以保证花卉生长对水分的需要。5—6月浇水要依据不同花卉对水分的需要而定。7—8月正值雨季,要注意及时排水,以防涝害。8—9月要多浇些水,并酌情施1~2次速效性液肥,即可届时开放。9—10月,处于正在开花期的种类,要适当少浇水,以防落花落蕾,对于要在国庆节开花的种类,要适时修剪。11月上冻之前,所有的宿根花卉,均应浇足防冻水,以利防冻。

灌水最好采用间歇式的方法,留出渗水时间,如灌水10 min后,先停灌20 min,然后再灌10 min。具体间歇时间可视土壤质地而定。黏土渗水时间较慢,应适当延长灌水时间。

(十)中耕除草

雨后和灌溉后要及时中耕。幼苗期中耕应浅,以后随着生长逐渐加深;株行间应加深,近植株处应浅。中耕深度一般为3~5 cm,最深10 cm左右。

除草掌握"除早、除小、除了"的原则。在发生的早期及时进行,在杂草结实前必须清除干净,对于多年生宿根性杂草应把根系全部挖出,深埋或烧掉。

（十一）施肥

宿根花卉在春季生长速度很快,因此除供应充足的氮肥以满足其大量生长需要外,还应配合施入磷、钾肥。

宿根花卉生长期一般追肥 3～4 次,为使生长茂盛、花多、花大,最好在春季新芽抽出时施以追肥,花前和花后再各追肥 1 次。

花卉施肥量的计算方法：

$$施肥量=\frac{元素植物吸收量-元素土壤供给量}{肥料利用率×肥料含元素率}$$

（十二）整形修剪

宿根花卉一经定植,以后连续多年开花,为保证其株形丰满,达到连年开花的目的,还要根据不同类别采取不同的修剪手段。修剪的主要方法有：剪枝、剪根、摘心、除芽、去蕾、支柱、绑扎等。

1.剪枝、剪根

移植时,为使根系与地上部分达到平衡,有时为了抑制地上部分枝叶徒长,促使花芽形成,可根据具体情况剪去地上或地下的一部分。

2.摘心

对于多年开花,植株生长过于高大,下部明显空虚的应进行摘心。有时为了增加侧枝数目、多开花也会进行摘心,如香石竹、菊花等。摘心对植物的生长发育有一定的抑制作用,因此,对一株花卉来说,摘心次数不能过多,并不可和上盆、换盆同时进行。摘心一般仅摘生长点部分,有时可带几片嫩叶,摘心量不可过大。

3.除芽、去蕾

减少花朵数量,使营养集中供给顶花,摘除过多的腋芽和侧蕾,如芍药、菊花等。

4.支柱、绑扎

在生长高大的花卉四周插立柱,并适当绑缚。

（十三）花期的调节

通过降低温度减缓生长延期开花,如菊花、天竺葵等;短日照处理控制花期,如菊花等。延长休眠期促成栽培,如芍药等。调整定植期,如非洲菊等。

（十四）病虫害防治

防止病虫害的发生,是宿根花卉管理的首要任务。病虫害的发生和蔓延,轻者

影响花卉植株的正常生长发育和观赏效果,严重的会使花卉干枯、死亡。预防病虫害的主要措施:

(1)栽植花卉前进行土壤消毒,把土壤中存在的病菌、病毒和害虫、虫卵消灭掉,防止它们危害花卉的根茎及整个植株。

(2)及时清除残花、枯枝、落叶等其他杂物。

(3)加强日常管理,从而抑制病虫害的滋生和蔓延。

(4)发现病虫危害,要及时防治。及时烧毁、深埋或清除病枝、病叶、病根。

(5)入冬前喷洒 0.8% 石硫合剂,早春各种花卉发芽前喷 1～3 次低浓度的波尔多液,温室使用前点燃硫黄熏,均可防治病虫害。

(6)对从外地引入的花卉严格检疫,以防止病虫害的蔓延。

(十五)越冬防寒

北方冬季寒冷,可采用防寒措施保证宿根花卉顺利越冬。防寒包括防冻和防霜两方面。

(1)覆盖　主要是防冻。霜冻前,在床面覆盖干草、草帘、落叶、马粪、秸秆、塑料薄膜等。

(2)熏烟　主要是防霜。北方常因晚霜使萌动的花卉受害。

(3)灌水　冬灌防止霜害,春灌增温。

(4)培土　冬季地上部分枯萎后,壅土压埋或开沟覆土压埋。

(十六)花卉生产管理记录的填写

宿根花卉的栽培记录包括栽培时间安排,花苗来源、繁殖方式、种植形式、各栽植区域所需花苗的数量以及移苗、摘心、修剪、化学调控、收获季节,化肥、农药、生长调节剂使用日期与效果以及各项操作的劳力预算、成本核算、预计收入和利润等。

宿根花卉的栽培环境记录包括温度、光照、湿度、土壤基质、病虫害发生和各种可见观察记录。

宿根花卉的产品记录主要集中在花卉生长期,包括开花、盆栽收获的数量、日期、等级或质量。

【知识链接】

1.宿根花卉的综合管理

宿根花卉的生产管理是一项综合性的技术,这就要求各项管理措施要相互配合,在不同的生长发育时期管理的重点也各不相同(表 4-8)。

表 4-8　宿根花卉的综合管理

管理季节	时间	主要内容	技术要求
春季管理	3月中下旬至5月	浇解冻水	浇足、浇透水。
		田间清理	返青之前清除地面上的杂草、杂物。
		整地与消毒	3月中下旬至4月上旬结合土壤翻耕,向土中灌药进行消毒。
		施基肥	3月中下旬至4月上旬结合土壤翻耕施入基肥,施肥量占全年总施肥量的80%以上。
		浇水	视天气情况和植株生长情况适时浇水,但同时要控制水量以防徒长,影响植株的观赏效果,通常每月浇水3～5次即可。
		除芽间苗	对于每丛芽的数量较多,植株生长过于密集的类型应除去一部分芽。
		摘心、抹芽	为使植株美观并防止倒伏,要经常摘心、抹芽。
		除草	发现即除。
		剪除残花	春季开花的宿根花卉,如蓝亚麻、石碱花等,花后要及时将其残花剪除,也剪去植株地上部分的2/3,同时加强肥水管理,使其能第二次开花。
		病虫害防治	及时发现及时治疗。
夏季管理	6—8月	排水防涝	7—8月雨水多,要注意及时排水,同时保持植株清洁,及时洗除植株上的污泥,并及时扶正倒伏植株。
		追肥	施肥前要先松土,选择无风的傍晚进行。
		控制徒长	夏季花卉生长迅速,要注意及时摘心抹芽和整形。对于此时开花的种类,如天人菊、随意草、黑心菊、荷兰菊、金光菊等,开花后及时修剪。
		病虫害防治	发现后立即治疗。

续表 4-8

管理季节	时间	主要内容	技术要求
秋季管理	9月至11月上旬	适当浇水	以不干为度,切忌浇水过量。
		加强管理	及时进行中耕除草、植株整形、剪除枯枝落叶和残花。
		种子采收	随着种子的成熟,分期分批采收,并进行晾晒、调制和贮藏。
		入冬前施肥	叶枯时,可在植株四周施以腐熟的厩肥或堆肥。
冬季管理	11月中下旬至次年2月	种子采收	继续采收晚熟的种子。
		清理田园	及时剪掉花卉的地上枯萎部分,清理枯枝落叶,并注意保护花卉的根系。
		越冬管理	可采用培土、适时浇封冻水、覆盖法等保护植株根系顺利越冬。

2. 常用宿根花卉的习性(表 4-9)

表 4-9 常用宿根花卉的习性

序号	名称	科属	主要生活习性					栽培形式
			温度	光照	土壤	肥料	水分	
1	菊花	菊科菊属	喜凉爽较耐寒	喜光	忌连作	喜肥	耐旱忌积涝	露地
2	荷包牡丹	罂粟科荷包牡丹属	耐寒不耐高温	喜光耐半阴	富含有机质土	喜肥	喜湿润不耐旱	露地
3	芍药	毛茛科芍药属	耐寒	喜光耐半阴	疏松沙质壤土	喜肥	忌低洼湿地	露地
4	紫萼	百合科玉簪属	喜温暖抗寒	喜阴忌强光	肥沃沙质壤土	轻肥	喜湿润	露地
5	萱草	百合科萱草属	耐寒	喜光又耐半阴	适应性强	喜肥	喜湿润也耐旱	露地
6	黑心菊	菊科金光菊属	喜温暖也耐寒	喜光	不择土	轻肥	中等水	露地
7	景天类	景天科景天属	耐寒	喜光稍耐阴	适应性强	轻肥	耐旱忌水湿	露地

续表 4-9

序号	名称	科属	主要生活习性					栽培形式
			温度	光照	土壤	肥料	水分	
8	耧斗菜	毛茛科 耧斗菜属	喜凉爽 忌暴晒	喜半阴	适应性强	耐瘠薄	喜湿润	露地
9	金鸡菊	菊科 金鸡菊属	耐寒	喜光也 耐半阴	适应性强	中等	耐旱	露地
10	石碱花	石竹科 肥皂草属	耐寒 喜冷凉	喜光	适应性强	中等	耐旱	露地
11	荷兰菊	菊科 紫菀属	耐寒	喜光	适应性强	喜肥	喜干燥 耐干旱	露地
12	霞草	石竹科 丝石竹属	耐寒	喜光 耐阴	疏松石 灰质土	喜肥	忌低洼 积水	露地
13	宿根福禄考	花荵科 福禄考属	耐寒	喜疏阴 忌酷日	沙质土 忌盐碱	中等	喜湿润 忌水涝	露地
14	紫松果菊	菊科 紫锥花属	耐寒	喜光	壤土	喜肥	中等水	露地
15	石竹	石竹科 石竹属	耐寒 忌炎热	喜光	壤土或 沙壤	喜肥	忌涝	露地
16	白头翁	毛茛科 白头翁属	耐寒 喜冷凉	喜光	沙质土	轻肥	耐旱	露地
17	剪秋罗	石竹科 剪秋罗属	喜凉爽 耐寒	阳光充足	不严格	中等	忌湿涝	露地
18	剪夏罗	石竹科 剪秋罗属	喜凉爽 耐寒	喜光 稍耐阴	沙壤耐 石灰质	中等	忌湿涝	露地
19	旱金莲	旱金莲科 旱金莲属	喜温暖 不耐寒	阳光充足	沙壤土	中等	不耐湿涝	露地
20	千屈菜	千屈菜科 千屈菜属	耐寒	喜强光	不择土	轻肥	喜水湿 旱栽或 浅水栽	露地
21	香石竹	石竹科 石竹属	耐寒性好 耐热性差	阳光充足	肥沃疏 松石灰 质壤土	喜肥	喜干燥	温室

续表 4-9

| 序号 | 名称 | 科属 | 主要生活习性 | | | | | 栽培形式 |
			温度	光照	土壤	肥料	水分	
22	花烛	天南星科花烛属	喜温暖	半阴	肥沃疏松	喜肥	喜多湿忌积水	温室
23	非洲菊	菊科大丁草属	喜冬暖夏凉	光线不足切花质量差	忌黏土忌连作	喜肥	忌积水	温室
24	长春花	夹竹桃科长春花属	喜温暖不耐寒	阳光充足	忌偏碱土	耐瘠薄	忌湿怕水涝	温室
25	冷水花	荨麻科冷水花属	喜温暖	忌阳光直射	疏松腐殖质土	喜肥	喜湿润	温室
26	镜面草	荨麻科冷水花属	较耐寒	喜阴	疏松腐殖质土	喜肥	喜湿润	温室
27	勋章菊	菊科勋章菊属	不耐寒	阳光充足	沙壤土	喜肥	中等	温室
28	五色椒	茄科辣椒属	喜温暖不耐寒	喜光	疏松腐殖质土	中等	中等	温室
29	香叶天竺葵	牻牛儿苗科天竺葵属	不耐寒忌酷热	阳光充足	沙质壤土	中等	忌高水湿	温室
30	天竺葵	牻牛儿苗科天竺葵属	喜凉爽怕高温	阳光充足	沙质壤土	喜肥	不耐水湿	温室

任务三　球根花卉生产

【知识目标】

　　了解球根花卉的原理及应用特点，熟悉球根花卉的生态习性，掌握球根花卉的栽培养护特点。

【能力目标】

　　熟悉球根花卉的生产流程，能进行球根花卉的繁殖，能熟练完成球根花卉的浇水、施肥、病虫害防治等日常养护管理工作。

【知识准备】

1. 球根花卉

具有膨大的根或变态地下茎的草本花卉。

2. 球根的类型

(1)鳞茎类 郁金香、百合等。

(2)球茎类 唐菖蒲、番红花等。

(3)根茎类 美人蕉、荷花等

(4)块茎类 白头翁、晚香玉等。

(5)块根类 大丽花、花毛茛等。

3. 露地球根花卉

(1)春植球根花卉 春天种植,夏秋开花,秋末冬初枯萎。如唐菖蒲、大丽花、美人蕉、晚香玉等。

(2)秋植球根花卉 秋天种植,须根充分生长,顶芽萌发但不出土,翌年春天开花,入夏地上部枯萎。如郁金香、花毛茛等。

4. 温室球根花卉

这类球根花卉既怕冷又不耐高温,如仙客来、马蹄莲、小苍兰、大岩桐等。

5. 球根花卉的花芽分化阶段

球根花卉从花芽分化到开花包括 5 个连续的阶段:诱导阶段、开始分化阶段、器官发生阶段、花器官成熟和生长阶段、开花阶段。要控制花期就要掌握影响这五个阶段发生的相关因素。

6. 球根花卉对栽培环境的要求

温度直接影响球根花卉的发芽、茎伸长、花芽分化、开花及休眠等各个环节。春植球根花卉冬季休眠,冬季需挖出球根在适宜的温度下贮藏;秋植球根花卉夏季休眠,有的能露地越冬,有的需覆盖越冬。

多数球根花卉喜光照充足,只有少数耐半阴。露地球根花卉受季节性光照的影响很强,如大丽花块根的形成需要短日照;唐菖蒲花芽分化需要长日照,开花需要短日照;百合在长日照下才能形成鳞茎等。

春植球根花卉春季和夏季需水量较多;秋植球根花卉秋季和早春需水量较多。

球根花卉要求深厚、肥沃、质地疏松、腐殖质丰富的中性沙壤或壤土。

7. 球根花卉的花期控制

在北方利用温室可进行球根花卉的促成或半促成栽培,可使花期提前或延后,可满足人们对冬季球根花卉开花和用花的要求,如水仙、风信子、郁金香等;低温温室可满足秋植球根花卉越冬需要,春植球根花卉可于温室提前播种,提前开花、提前上市。

8.球根花卉的园林应用特点

(1)可供选择的花卉多,易形成丰富的景观,但大多数种类对土壤和水分要求严格。

(2)色彩丰富、艳丽、观赏价值高。

(3)花期易控制、整齐一致。只要种球的大小一致,栽植条件、时间、方法一致,即可同时开花。

【学习内容】

一、常用球根花卉

1.郁金香(图 4-16)

可按花型分为:杯型、碗型、百合花型(高脚杯型)、流苏花型、鹦鹉花型、星型等。

根据花期、花型、花色等性状,将郁金香品种分为 4 类 15 群。常见的商品切花及盆栽品种主要属于中花型的凯旋系、达尔文杂种系和晚花类的单瓣品种(表 4-10)。

表 4-10 郁金香的类群特征

类	群	主要特征
早花类	单瓣花群	单瓣,杯状,花期早,色多,株高 20～25 cm。
	重瓣花群	重瓣,花期稍早于单瓣种。
中花类	凯旋系	花大,单瓣,株高 45～55 cm,粗壮。
	达尔文杂交种	花大,杯状,株高 20～25 cm,健壮。
晚花类	单瓣晚花群	花色多,杯状,株高 65～80 cm,粗壮。
	百合花型群	花色多,花期长,株高 60 cm。
	流苏花群	花瓣边缘有晶状流苏。
	绿斑群	花被的一部分呈绿色条斑。
	伦布朗群	有异色条斑。
	鹦鹉群	花瓣扭曲,具锯齿状花边,花大。
	重瓣晚花群	花大,花梗粗壮,花色多。
变种及杂种	考夫曼群	花期早。
	佛氏群	叶片有明显紫色条纹,花冠杯状。
	格里氏群	叶片有紫褐色条纹,花冠钟状。
	其他混杂群	

2.百合（图 4-17）

常见栽培的主要有 3 个种系（表 4-11）。

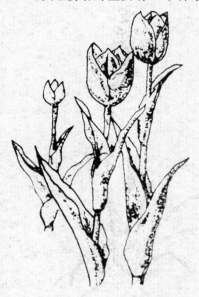

图 4-16　郁金香

（引自包满珠主编《花卉学》,1998 年）

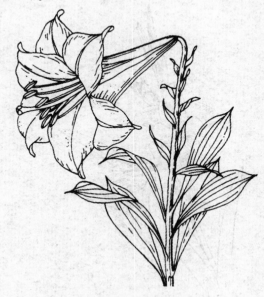

图 4-17　百合

（引自曹春英主编《花卉栽培》,2001 年）

表 4-11　百合栽培种系

种系	主要特征	代表种
亚洲百合杂种系	花直立向上,花瓣边缘光滑不反卷	卷丹、川百合、山丹、毛百合
麝香百合杂种系	花横生,白色,喇叭状	铁炮百合
东方百合杂种系	花瓣反卷或花瓣缘波浪状,花被片上往往有彩色斑点	鹿子百合、天香百合、日本百合、红花百合

3.唐菖蒲（图 4-18）

按生育期长短分为 3 种：

早花类:种植种球后 70～80 天开花。

中花类:种植种球后 80～90 天开花。

晚花类:种植种球后 90～100 天开花。

4.晚香玉(图 4-19)

主要品种有:珍珠、白珍珠、墨西哥早花、斑驳。

图 4-18　唐菖蒲

(引自曹春英主编《花卉栽培》,2001 年)

图 4-19　晚香玉

(引自曹春英主编《花卉栽培》,2001 年)

5.大丽花(图 4-20)

按植株高矮可分为:高型(1.5~2 m)、中型(1~1.5 m)、矮型(0.6~0.9 m)、极矮型(0.2~0.4 m)。

6.美人蕉(图 4-21)

园艺栽培将美人蕉品种分为两大系统,即法兰西系统和意大利系统。前者植株稍矮,花大,花瓣直立不反卷;后者植株高大,开花后花瓣反卷。

7.仙客来(图 4-22)

主要栽培品种有:裂瓣仙客来、皱瓣仙客来、暗红仙客来。

8.马蹄莲(图 4-23)

主要园艺栽培种有:银星马蹄莲、黄花马蹄莲、红花马蹄莲。

图 4-20 大丽花

（引自曹春英主编《花卉栽培》,2001 年）

图 4-21 美人蕉

（引自曹春英主编《花卉栽培》,2001 年）

图 4-22 仙客来

（引自包满珠主编《花卉学》,1998 年）

图 4-23 马蹄莲

（引自曹春英主编《花卉栽培》,2001 年）

9. 水仙（图 4-24）

目前广泛栽培的有：中国水仙、喇叭水仙、丁香水仙、红口水仙、仙客来水仙及三蕊水仙等。

10. 花毛茛（图 4-25）

园艺栽培品种分为四个系统：波斯花毛茛、法兰西花毛茛、土耳其花毛茛、牡丹型花毛茛。

图 4-24　水仙
（引自曹春英主编《花卉栽培》，2001 年）

图 4-25　花毛茛
（引自曹春英主编《花卉栽培》，2001 年）

二、生产操作流程

生产计划的制定→栽培场地及设备的准备→繁殖→整地与施肥→种植种球→花期控制→生长期管理→采收与贮藏→生产记录填写

三、生产操作要点

（一）生产计划的制定

生产计划可按年度、季度、月份编写。主要内容为：要种植的球根花卉种类与品种、种球来源、种植面积和数量、种球的处理方法、栽植季节、供花时间、种球的采收时间、种球贮藏地点和方法、生产所需的费用（种苗、肥料、农药、工具、用具、设施维修等）、预计收入和利润等。

（二）栽培场地及设备的准备

露地栽培球根花卉的场地应具备阳光充足、排水良好、空气流通、温度适宜等条件，要求土层深厚、表土疏松、腐殖质丰富、中性的沙壤土或壤土，地下水位要深。同时要有灌溉、遮阴、耕作工具及覆盖保温材料。

在北方需要保护地栽培的球根花卉较多，在对其进行栽培前需充分了解其对光照、温度、湿度、水分、土壤、营养和空气等条件的要求，充分了解当地的气候条件，选择适宜的保护地设施。如：用于生产的温室、大棚；用于存放球根的地窖、冷库、种球室；生产工具及生产资料等。

（三）繁殖

主要采用无性繁殖法，包括分球法、扦插法、组织培养法等；球根繁殖率低的或种子繁殖较方便的，也可用种子繁殖。

1. 分球繁殖

球根花卉主要利用母株自然形成的新鳞茎、球茎、块茎、块根或根茎等进行分生繁殖。

（1）鳞茎类　如水仙、百合、郁金香。鳞茎是地下茎的变态，底部有一个短而扁平的圆盘状茎盘，茎盘上有多层肥厚的鳞片层层抱合，一般呈球状或高球状，茎盘底部生出许多须根，鳞茎的鳞片间生腋芽，发育成小鳞茎。繁殖时分开小鳞茎另行栽植（图4-26和图4-27）。

（2）球茎类　如唐菖蒲、小苍兰。地下茎呈球状或扁球状，外被数层棕色或褐色皮膜，内部为实心较坚硬，球的底部有明显的节形成环状痕迹，并着生侧芽，自侧芽的基部繁殖新球茎。唐菖蒲的某些品种一株可长出一两百个子球，故也可用子球繁殖（图4-28）。

（3）块茎类　如马蹄莲、仙客来等。地下茎呈扁球形或不规则形，表面无环状痕迹，根系由底部发生，顶端通常有几个发芽点（芽眼），发芽点抽生茎叶及花枝，块茎增生子球的能力甚弱。仙客来甚至不能长子球，而要靠种子繁殖（图4-29）。

（4）根茎类　如美人蕉、姜花等。地下茎肥大呈根状，上有许多分枝，有节与节间，每节可生侧芽，尤以根茎顶部发生多，当此侧芽萌发生长时，即形成更多的株丛，原来的老茎即逐渐死亡。繁殖时切下根茎，每一段最好带一个芽头，分开栽植即可。

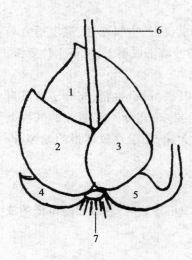

图 4-26 郁金香分鳞茎繁殖

1～3.新生鳞茎 4、5.子鳞茎

6.茎 7.根

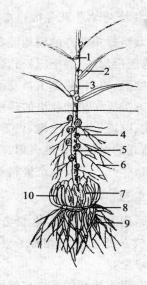

图 4-27 百合珠芽繁殖

1.珠芽 2.叶 3.地上茎 4.小鳞茎

5.地下茎 6.上基根 7.老球

8.基盘 9.下基根 10.新球

（引自义鸣放主编《球根花卉》，2000 年）

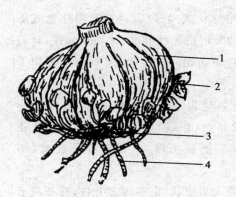

图 4-28 唐菖蒲分球繁殖

1.新球 2.子球 3.退化母球 4.新根

（引自义鸣放主编《球根花卉》，2000 年）

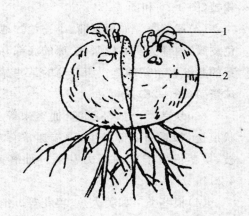

图 4-29 仙客来分块茎繁殖

1.新芽 2.切分

（5）块根类　如大丽花、花毛茛等。块根由根部肥大而成,块根顶部有发芽点,由此萌发新梢。大丽花仅在根颈部能发芽,其块根部无发芽能力,故分根时,每一块茎根上端必须有新芽,否则新株不能形成(图 4-30)。

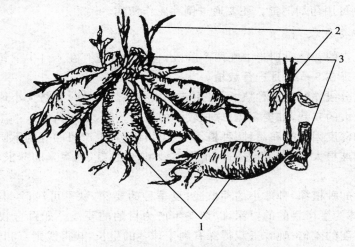

图 4-30　大丽花块根繁殖
1.块根　2.芽　3.根茎
（引自义鸣放主编《球根花卉》,2000 年）

2.扦插繁殖

可利用叶片、鳞茎、茎段等进行。

如球根秋海棠可利用叶脉生根、大岩桐可利用叶柄生根,故可进行叶插;百合、朱顶红、水仙、风信子、石蒜等可取母球鳞片进行扦插繁殖;大丽花等可进行茎插。

3.种子繁殖

球根花卉的种子繁殖主要用于新品种培育,也用于少数球根花卉的繁殖。如仙客来的球根繁殖率极低、几乎不分球,生产中主要用种子繁殖;大岩桐、麝香百合等也可采用种子繁殖。

4.组织培养

在球根秋海棠、百合、唐菖蒲、中国水仙、风信子、球根鸢尾等的生产广泛应用。

（四）整地与施肥

球根花卉的球根中含有大量的水分,不宜栽植于低洼涝地。栽植时宜选深厚的沙质土壤,整地深度为 40～50 cm。

栽植前要施入大量的基肥,有机肥要充分腐熟以防烂根。球根花卉喜磷肥,可在肥料中适量加入骨粉,有利于开花,对钾肥要求中等、对氮肥要求较少,因而追肥时要注意肥料的比例。

为了控制病害的发生,最好每年对土壤进行消毒,可选用蒸汽消毒:70～80℃处理 1 h,也可用药剂消毒。还要通过倒茬轮作防病。

（五）种植种球

球根花卉的栽植时期集中在两个阶段,春植球根花卉在 4 月中下旬进行栽植;秋植球根花卉在 9—10 月进行栽植。

选择充分成熟的球根种植,可采用穴栽或垄栽。栽植时要将大小球分开栽植,一般球根较大的穴栽,如美人蕉;球根较小的采用垄栽,如唐菖蒲。

栽植的深度因种类和品种、种植季节、土壤结构、生产目的等的不同而异,种植深度通常为球根大小的 3 倍左右。个别类型,如朱顶红、仙客来的球根 1/3 需露出土面。

种球大的种植深,种球小的种植浅;夏季种的要深,秋季可浅;沙土中深,黏土中浅;以种球为生产目的的要深,以切花生产为目的的要浅。如百合栽的要深,覆土为球根高度的 4 倍;晚香玉栽得深有利于球茎的生长,栽得浅则有利于开花。

（六）花期控制

1. 花期调节的园艺措施

调节种植时间。对于春植、生长期短的球根花卉,可通过改变种植期来提早或延迟花期。如唐菖蒲生长周期为 4—5 个月,从 4—7 月分期、分批播种,就可以从7—10 月有花不断开放。

肥水调节。多施氮肥和灌水过量可促进营养生长从而延迟开花,增施磷、钾肥则有助于抑制营养生长从而促进开花;能够连续开花花期较长的花卉,如仙客来在开花末期适量施入氮肥,可延长花期 1 个月左右。干旱的夏季为唐菖蒲充分灌水,可使其提早开花 1 周左右。

2. 温度调节

利用温度处理调节休眠期、成花诱导和花芽形成期、花茎伸长期。

唐菖蒲:入秋起球后,经 3～5℃低温处理 4～5 周可打破休眠,9—10 月于温室中种植,翌年 1—4 月可开花。也可将种球始终贮藏在 2～4℃环境,5—8 月种植,花期可延长至 9—11 月,直至早霜来临。

郁金香:在种球夏季休眠期,先给予 17～20℃的适宜温度,花芽形成后给予5～9℃的低温,花茎伸长后逐渐升温至 20℃,可在春节左右开花。

3. 生长调节剂的使用

植物生长调节剂处理打破休眠或代替低温促进开花等。

唐菖蒲:球茎用氯乙醇熏蒸。

郁金香:GA_3处理。

（七）生长期管理

1. 生长管理

球根花卉的吸收根嫩且少、易受伤而不易恢复,栽植后不宜移植。要特别注意保护叶片,大部分球根花卉叶片较少,开花后地下部分的新球生长迅速,此时应加强肥水管理,及时摘除多余的花蕾,剪掉凋谢的花头,并及时除草。

以生产球根为目的者,应该见到花蕾后立即摘除。从播种到开花一般需时数年,但美人蕉、大丽花、球根海棠等在当年或次年就可开花,若不采种,花后应及时剪除残花。

2. 肥水管理

为了获得高品质的切花和种球,在生长季节需追肥。秋植球根花卉在秋种后立即追肥,第二年春发芽前再追肥一次;春植球根花卉每2～4个月追肥一次。

球根花卉对磷、钾肥比较敏感,施肥时应充分考虑如何使其地下部分膨大,一般基肥比例可以减少,前期追肥以氮肥为主,在子球膨大时应及时控制氮肥,增施磷、钾肥。

追肥主要有三个时期,一般第一次在春季开始生长时进行,第二次在开花前进行,第三次在开花后进行。对于开花期长的花卉,如美人蕉、大丽花等,在开花期间也应适当给予追肥。

大多数球根花卉在生长季节要保持土壤湿润,灌水时间最好在早晨。夏季露地栽培应做好排水工作。

（八）采收与贮藏

植株生长停止后,大部分球根需采收并贮藏。秋植球根在6—7月采收,如:郁金香,在雨季到来之前采收;春植球根在9—10月采收,如:大丽花、美人蕉可成堆起出。

一般以叶片一半以上变黄时为采收适期,选晴天挖出球根,抖去泥土阴干后贮藏。

贮藏方法因种类而异,对通风要求不高而需保持一定湿度的球根如美人蕉、百合、大丽花等,可埋藏在干净而偏干的沙土中;对要求通风良好、干燥贮藏的球根花卉,可摊放在底部为粗孔铁纱的容器内,如唐菖蒲、郁金香、水仙、番红花和风信子等。春植球根冬季贮藏的适宜室温为4～5℃。秋植球根在夏季要保持高燥、凉爽,切忌闷热、潮湿。

（九）花卉生产管理记录的填写

花卉生产管理记录包括栽培记录、栽培环境记录和产品记录。

栽培记录包括栽培安排与各项操作工序，如：栽植、移苗、摘心、修剪、化学调控、切花收获季节与处理方法、种球的采收分级与贮藏、化肥、农药、生长调节剂使用日期与效果以及各项操作的劳力预算等。

栽培环境记录包括球根花卉生长环境的温度、光照、湿度、土壤基质、病虫害发生和各种可见观察记录。

产品记录主要集中在花卉生长期，包括开花、盆栽和切花收获的数量、种球的收获数量、日期、等级或质量等。

【知识链接】

1. 常用球根花卉的习性（表 4-12）

表 4-12　常用球根花卉

序号	名称	科属	主要生活习性					类型
			温度	光照	土壤	肥料	水分	
1	唐菖蒲	鸢尾科唐菖蒲属	喜凉爽	喜光	微酸性沙质土	喜肥	忌旱忌涝	春植
2	大丽花	菊科大丽花属	不耐寒忌酷热	喜光短日照	沙质壤土	喜肥	不耐旱不耐涝	春植
3	大花美人蕉	美人蕉科美人蕉属	喜温暖怕霜冻	喜光	不择土	中等	稍耐水湿	春植
4	晚香玉	石蒜科晚香玉属	喜温暖不耐寒	喜光耐半阴	耐盐碱	喜肥	喜潮湿忌涝	春植
5	百合	百合科百合属	喜冷凉不耐高温	喜光	适应性广	喜肥	喜湿润怕涝	秋植
6	郁金香	百合科郁金香属	喜冬暖夏凉爽耐寒强	向阳或半阴	沙质土或沙壤忌黏土	喜肥	稍干燥	秋植
7	花毛茛	毛茛科毛茛属	耐寒忌炎热	喜光耐半阴	沙质或略黏质	中等	湿润	秋植
8	白头翁	毛茛科白头翁属	喜凉忌热耐寒	喜光	不耐盐碱	中等	忌积水	秋植
9	番红花	鸢尾科番红花属	喜温和凉爽	喜光耐半阴	沙壤土忌连作	少肥	忌水涝	秋植

续表 4-12

序号	名称	科属	主要生活习性					类型
			温度	光照	土壤	肥料	水分	
10	仙客来	报春花科 仙客来属	喜冬暖 夏凉	不耐烈 日强光	疏松微 酸性土	中等	喜高空 气湿度 怕水湿	温室
11	马蹄莲	天南星科 马蹄莲属	喜温暖 不耐寒	不耐强光	黏壤土	喜肥	需水多 不耐旱	温室
12	朱顶红	石蒜科 朱顶红属	喜温暖 半耐寒	不耐强光	沙质壤土	喜肥	喜湿润 怕水涝	温室
13	小苍兰	鸢尾科 小苍兰属	喜冬暖 夏凉爽 不耐寒	阳光充足	疏松肥沃 沙质土	喜肥	喜湿润	温室
14	风信子	百合科 风信子属	喜冬暖 夏凉爽 忌高温	喜光	疏松肥沃	喜肥	不耐积水	温室
15	水仙	石蒜科 水仙属	喜冷凉 冬无寒 夏无暑	喜光耐 半阴忌 直射光	不严格	喜肥	喜湿	温室
16	大岩桐	苦苣苔科 苦苣苔属	冬暖夏凉	忌阳光 直射	壤土	喜肥	高空气 湿度	温室
17	花叶芋	天南星科 花叶芋属	喜温暖	喜半阴	腐殖质土	中等	喜湿润	温室

2. 部分球根花卉花芽分化的温度范围（表 4-13）

表 4-13 部分球根花卉花芽分化的温度范围 ℃

种类	最适温度	温度变幅	抑制温度
喇叭水仙	17～20	13～25	
郁金香	17～20	9～25	＞35
风信子	25.5	20～28	
球根鸢尾	13	5～20	＞25
百合	20～23	13～23	
小苍兰	10		
唐菖蒲	15～25		

引自义鸣放主编《球根花卉》,2000。

● 复习思考题

一、名词解释

一、二年生花卉　宿根花卉　球根花卉　露地花卉　温室花卉

二、填空题

1. 花卉按观赏部位可分为＿＿＿＿、＿＿＿＿、＿＿＿＿、＿＿＿＿、＿＿＿＿
等类型。

2. 列举三种鳞茎类花卉＿＿＿＿、＿＿＿＿、＿＿＿＿。

3. 列举三种二年生花卉＿＿＿＿、＿＿＿＿、＿＿＿＿。

4. 露地花卉灌水的最佳时间是＿＿＿＿温度接近。

5. 比自然花期提前的栽培方式叫＿＿＿＿,比自然花期延迟的花卉栽培方式
叫＿＿＿＿。

三、选择题

1. 每天的光照短于 12～14 h,花芽才能正常分化与发育的花卉是(　　)

A. 短日性花卉　　　B. 长日性花卉　　　C. 中日性花卉

2. 下列哪一种花卉栽培基质的有效含水量和吸收能力较差(　　)

A. 蛭石　　　B. 珍珠岩　　　C. 泥炭　　　D. 锯末木屑与稻壳

3. 下列哪一种栽培容器的排水透气性最好(　　)

A. 陶瓷盆　　　B. 紫砂盆　　　C. 素烧泥盆　　　D. 塑料盆

4. 覆盖对土壤所具有的作用有(　　)。

A. 提高土壤酸度　B. 提高土壤碱度　C. 防止水土流失　D. 保温

5. 下列花卉中哪些不属于球根花卉(　　)

A. 小苍兰　　　B. 唐菖蒲　　　C. 秋水仙　　　D. 朱顶红

6. 菊花属于哪类花卉(　　)

A. 宿根花卉　　　B. 球根花卉　　　C. 水生花卉　　　D. 室内观叶植物

7. 球根花卉的栽培深度是种球高的(　　)倍

A. 1　　　B. 2　　　C. 3　　　D. 4

8. 下列属于球根花卉的是(　　)。

A. 郁金香　　　B. 百合花　　　C. 玉簪　　　D. 火炬花

9. 下列哪项功能不是赤霉素所具有的(　　)

A. 代替高温打破休眠,促进花芽分化　B. 促进诱导成花调节

C. 打破休眠促进开花　　　　　　　　D. 代替低温促进开花

10.宿根花卉地栽最低土层要求为(　　)cm。

A. 10　　　　　　　B. 20　　　　　　　C. 30　　　　　　　D. 40

三、判断题

1.宿根花卉、木本花卉应在秋季停止生长之后或春季开始生长之前换盆。(　　)

2.大岩桐叶插时发根的部位为叶脉。(　　)

3.唐菖蒲和仙客来常用分球繁殖。(　　)

4.不需要贮藏运输的切花宜在早晨露水已干或傍晚花卉组织内水分充足,花茎挺直时切取。(　　)

5.在施肥后不要浇水,以防降低肥分。(　　)

6.君子兰需人工授粉才能获得种子。(　　)

7.长日照花卉的花期多在夏季,短日照花卉的花期多在秋季。(　　)

8.对花卉追肥如使用人粪尿需稀释5～10倍再用。(　　)

9.多浆植物、杜鹃、山茶以黏土栽植为宜。(　　)

10.盆花土壤过湿时可脱盆,放于阳光下晾晒脱水。(　　)

四、简答题

1.温室的现代化特点是什么?

2.植物生长调节剂在开花调节上的作用有哪些?

3.谈谈你对花卉生产经营管理的看法。

4.简述一、二年生花卉繁殖与栽培管理要点。

5.简述宿根花卉的特点及栽培管理要点。

6.简述球根花卉的栽培管理要点。

● 参考文献

[1] 曹春英.花卉栽培.北京:中国农业出版社,2001.

[2] 齐建英.花卉及草坪高新栽培技术.沈阳:沈阳出版社,1998.

[3] 马平.新编养花技术.延吉:延边人民出版社,2008.

[4] 江苏省苏州农业学校.观赏植物栽培.北京:中国农业出版社,2000.

[5] 陕西省农林学校,上海市农业学校.观赏植物栽培学.北京:农业出版社,1989.

[6] 包满珠.花卉学.北京:中国农业出版社,1998.

[7] 罗锸.花卉生产技术.北京:高等教育出版社,2005.

[8] 赵梁军.观赏植物生物学.北京:中国农业大学出版社,2002.

[9] 姬君兆,黄玲燕,姬春.一、二年生草花.北京:中国农业大学出版社,1999.

[10] 金波等.宿根花卉.北京:中国农业大学出版社,1999.

[11] 义鸣放.球根花卉.北京:中国农业大学出版社,2000.

[12] 吴志华.花卉生产技术.北京:中国林业出版社,2003.

[13] 赵庚义,车丽华,孟淑娥.草本花卉育苗新技术.北京:中国农业大学出版社,1997.

项目五　果树生产

- 知识目标

　　了解果树的生物学特性。掌握果树生长发育规律。熟悉各种果树树种的生产操作流程。

- 能力目标

　　学会各操作要点,解决操作中存在的问题。在本地区内能够做果园规划设计。

任务一　葡萄生产

【知识目标】

　　了解葡萄的形态特征、葡萄建园规划设计。掌握葡萄施肥时期、施肥方法和施肥量;掌握葡萄苗的培育技术要点及操作方法。熟悉灌水时期、灌水方法和灌水量;熟悉整形修剪的基本原理。

【能力目标】

　　能解决葡萄生产过程中存在的主要问题、制定葡萄生长季修剪计划、有效防治主要病虫害。

【知识准备】

　　1.葡萄的种

　　葡萄种分为三个种群:

　　(1)欧亚种群　有 3 000 个以上栽培品种,如无核白鸡心、玫瑰香、维多利亚、粉红亚都蜜、京玉等。

（2）东亚种群　包括 39 个种以上。主要用于葡萄砧木和育种原始材料，如山葡萄、刺葡萄等。

（3）北美种群　包括 28 种，仅数种栽培和育种中加以利用，主要有美洲葡萄、河岸葡萄、沙地葡萄等。

此外，欧美杂交种在我国也有栽培。如巨玫瑰、醉金香、京亚、藤稔、巨峰、夕阳红、状元红等。

2.常用的栽培品种

（1）早熟品种　常用的早熟葡萄品种有京亚、夏黑、光辉、无核白鸡心、维多利亚、着色香及京玉等（图 5-1）。

京亚	夏黑	光辉
无核白鸡心	着色香	维多利亚

图 5-1　早熟葡萄品种

（2）中晚熟品种　常用的中晚熟葡萄品种有醉金香、藤稔、巨峰、夕阳红、状元红、巨玫瑰、玫瑰香、36号等（图5-2）。

|醉金香|藤稔|巨玫瑰|
|玫瑰香|36号（夕阳红×京亚）|状元红|

图 5-2　中晚熟葡萄品种

（引自赵常青等《葡萄大棚栽培》,2013 年）

3.不同葡萄品种主要特性（表 5-1）

表 5-1　不同葡萄品种主要特性

品种	果穗重 /g	果粒重 /g	色泽	可溶性固形物 含量/%	生育期 /d	品质
京亚	500	8～9	蓝黑	16	125	草莓香型
夏黑	500	7～8	黑	18	125	草莓香型
光辉	500	10～12	蓝黑	17	125	草莓香型

续表 5-1

品种	果穗重 /g	果粒重 /g	色泽	可溶性固形物 含量/%	生育期 /d	品质
维多利亚	500	8～10	黄绿	16	125	清淡型
京玉	500	7～8	黄绿	16	125	清淡型
着色香	350	5～6	红	18	125	草莓香型
无核白鸡心	750	7～8	黄绿	15	130	清淡型
醉金香	500	10～12	黄绿	20	135	浓甜型
36 号	500	10～11	黑	18	135	玫瑰香型
藤稔	750	15～18	紫黑	16	135	草莓香型
巨玫瑰	500	9～10	紫黑	18	145	玫瑰香型
状元红	500	8～9	红	18	145	玫瑰香型
玫瑰香	450	5～6	黑	18	150	玫瑰香型

引自赵常青等主编《葡萄大棚栽培》,2013 年。

4.枝条类型

结果枝:有花序的新梢称为结果枝。

发育枝:无花序的称为发育枝。

萌蘖枝:从植株基部萌发的枝蔓称为萌蘖枝。

夏芽副梢:新梢上的夏芽当年萌发后称为夏芽副梢。

冬芽副梢:由冬芽萌发形成的副梢称为冬芽副梢。

一年生枝:新梢秋季落叶后到次年萌芽前称为一年生枝。

结果母枝:能抽生结果枝的一年生枝称为结果母枝。

【学习内容】

一、形态特征

(一)根系

1.根系结构

葡萄多为采用扦插繁殖的苗木,没有真根颈和垂直粗大的主根,只有插条埋入地下的根干,其上着生较多的侧根(图 5-3)。

2.根系年生长规律

当土温上升到 12～14℃时,根系开始生长,20℃左右时生长旺盛,地上部枝蔓的新鲜伤口出现伤流,即说明根系已经开始活动(树液流动期),地上部展叶后,伤流即逐渐停止(在沈阳以北地区伤流期很短或不一定出现)。

一般欧亚种葡萄根系开始生长期比地上部枝蔓晚 10～15 天,一年中有两次生长高峰。根据在辽宁地区龙眼品种的观察,第一次高峰:根系从 5 月下旬开始有明显的生长,6 月下旬至 7 月间达到一年中生长最高峰。第二次高峰:9 月中下旬出现一次较弱的生长高峰。

(二)芽、叶、枝

1.芽

冬芽:外被鳞片是几个芽的复合体,又称芽眼。其位于中央最大的一个芽称为主芽,周围有 2～8 个大小不等的为预备芽(图 5-4)。

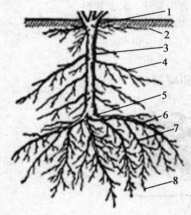
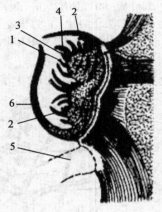

图 5-3　根系结构

1.根颈　2.表层根　3.根干
5.根踵　4、6、7.各级侧根　8.细根
(引自赵文东等主编《葡萄高产
优质栽培》,2010 年)

图 5-4　葡萄冬芽的纵剖面

1.主芽　2.副芽(预备芽)　3.花序原基
4.叶原基　5.落叶后的叶痕　6.鳞片
(引自严大义等主编《葡萄生产关键
技术百问百答》,2004 年)

夏芽:为外不带鳞片的裸芽,具有早熟性。

潜伏芽:着生在主干和多年生枝上的芽,生产上常采用潜伏芽更新复壮。

花芽:葡萄花芽为混合芽,多数品种 3～12 节,能形成良好的花芽。

2.叶

葡萄叶片的形状变化较大,一般多具有 3～5 个裂片。叶片有裂刻和叶柄洼。裂片的形状,裂刻的深浅与形状,叶柄洼的形状,都是鉴别和记载品种的重要标志(图 5-5)。

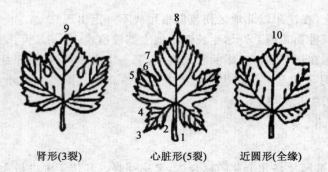

图 5-5　叶片形态

1.叶柄　2.叶柄洼　3.下裂片　4.下裂刻　5.中裂片　6.上裂刻

7.上裂片　8.锐锯齿　9.圆顶锯齿　10.钝刻锯齿

（引自严大义等主编《葡萄生产关键技术百问百答》，2004 年）

3.枝

葡萄地上部茎主要包括主干、主蔓、侧蔓、新梢和副梢（图 5-6）。

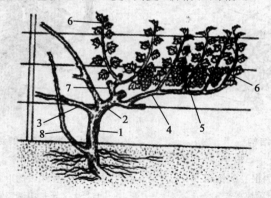

图 5-6　枝的形态

1.主干　2.主蔓　3.侧蔓　4.结果母枝　5.结果母枝

6.发育枝　7.结果枝组　8.萌蘖

（引自严大义等主编《葡萄生产关键技术百问百答》，2004 年）

（三）花、果

1.花

葡萄花序和卷须是同一起源的器官。葡萄的花序一般着生在新梢的 3～8 节上，如果在该处没有花序，就着生卷须。葡萄花序为圆锥花序，具有 3～5 级分枝，一个花序可以着生 200～1 500 个花蕾，品种间有差别（图 5-7）。

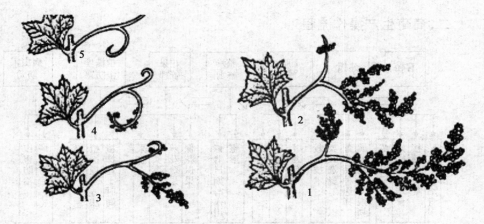

图 5-7　葡萄卷须和花序的过渡形态

1.花序　2、3.花序上带卷须　4.卷须上带花序　5.卷须

（引自严大义等主编《葡萄生产关键技术百问百答》,2004 年）

2.果实

果穗形状有圆柱形、圆锥形等。一个浆果中含种子大多 1～4 粒,以 2 粒者为
多(图 5-8)。

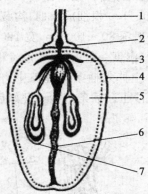

图 5-8　葡萄浆果的构造

1.果柄　2.果蒂　3.果刷　4.外果皮　5.果肉　6.果心维管束　7.种子

（引自严大义等主编《葡萄生产关键技术百问百答》,2004 年）

二、葡萄生产操作流程

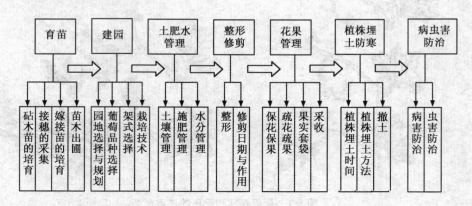

三、生产操作要点

(一)育苗

1.砧木苗的培育

砧木的采集与贮藏:结合冬季修剪选择成熟度良好的一年生枝。枝条要粗壮,节间短,生长充实,髓部较小,芽眼饱满,无病虫害。采集的插条每根剪留 6～10节,并剪除卷须和果穗梗,按 50～100 根捆成一捆,沟藏。贮藏应选地势较高、排水较好的向阳背风地。贮藏沟一般深 80～100 cm,宽 120～130 cm,沟长按插条数而定。最底层放 10 cm 厚的湿沙(湿度一般 50%～60%),然后把插条放平,放沙,一边填土,一边晃动插条,使湿沙土掉入插条的缝隙中,使每根插条空隙充满沙土。上面再盖一层 30～40 cm 厚的沙土。插条用沙土埋好后,再覆盖 20 cm 厚的土,高出地面就可(图 5-9)。

图 5-9　葡萄种条的采集与贮藏

(引自赵文东等主编《葡萄高产优质栽培》,2010 年)

砧木剪截:插条出窖(一般 2 月下旬至 3 月份)后,要进行分级挑选,选择芽壮、没有霉烂和损伤的插条,扦插前剪成 2 个芽一根的插条。上端离顶芽 1～2 cm 处平剪,下端在基部节下 0.5 cm 以内斜剪。剪完的砧木插条应按长短和粗细分别进行捆绑,一般 100～200 根,基部对齐,有利于催根等处理(图 5-10)。

砧木的催根处理:采用吲哚乙酸、吲哚丁酸、萘乙酸等植物生长调节剂处理时,插条先用清水浸泡 12～24 h,再将其基部 3～4 cm 在 20～100 mL/L 的酒精溶液速浸 3～5 s,以促进枝条生根。电热温床催根是目前常用的方法

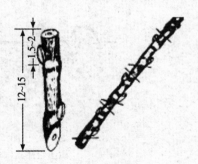

图 5-10 葡萄剪截(单位:cm)
(引自赵文东等主编《葡萄高产优质栽培》,2010 年)

(图 5-11),催根时温度控制在 25～28℃,经 11～14 天,插条基部产生愈伤组织,发出小白根。也应注意插条基部要小水保持湿度。床上还要注意遮光,防止床表面温度升高,芽眼先萌发,影响插条扦插成活率。

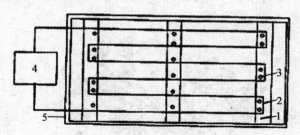

图 5-11 电加温线布置图
1.木条 2.电热线 3.铁钉 4.控温仪 5.电热床(外框)
(引自张开春主编《果树育苗关键技术百问百答》,2005 年)

整地覆膜:早春整地前每亩施腐熟的有机肥 3～4 m³ 均匀撒在地表,然后全面旋地,土壤耙平、再做畦、覆膜。

扦插:当 10 cm 深的地温稳定在 10℃时,即可扦插。扦插要根据株距 8～10 cm 进行长条斜插,短条垂直插,芽眼朝南向最佳,深度以芽眼距地膜 1 cm 左右为宜(图 5-12)。扦插后及时灌一次透水。

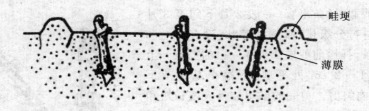

图 5-12 葡萄扦插示意图

（引自汪晶，李峰主编《林果生产技术》，2001 年）

砧木管理：扦插成活后应早选留一个壮梢；等苗长 3～4 片叶时喷施尿素，促进苗木生长。嫁接前 2～4 天要对 30～35 cm 高度的新梢进行摘心，并将下部 3～4 片叶腋内的副梢全部去掉。沙壤土嫁接前一天要灌水，黏土应提前 2～3 天灌水。

2.接穗的采集

绿枝接穗最好采自品种母本园，也可采自生产园。选择无病虫害、生长健壮的结果树上当年新梢，粗度 3～7 mm，节间长度 4～12 cm，采集后立即剪去叶片仅留叶柄，并迅速放在盛有水的桶里，以防接穗失水。保持 5～8℃ 条件下运输（图 5-13）。

图 5-13 采集绿枝接穗

（引自许生主编《葡萄栽培技术图解》，1984 年）

3.培育嫁接苗

嫁接时期：葡萄嫁接常采用绿枝劈接法，在当年新梢半木质化时进行，在沈阳地区 5 月末到 7 月初，1 个月左右。

接穗选择和处理：选取粗细与砧木相当或稍微粗半木质化的新梢作接穗，在芽上方 1～2 cm 和芽下方 3～4 cm 处剪下,全长 5～6 cm 的穗段。再用刀片从芽下两侧削成长 2～3 cm 的对楔形削面,削面要光滑。

砧木处理:距地面 25 cm 左右处剪断,留 3～5 片叶,剪口应距砧木顶芽 3～4 cm,用刀片在断面中心垂直劈开,两侧要求大小对称,劈口深度稍长于接穗楔形削面。

嫁接方法:将削好的接穗轻轻插入劈口,使接穗削面上部稍露出砧木外 2～3 mm(俗称"露白",利于产生愈伤组织),注意砧、穗一侧形成层要对齐,当然两侧形成层对齐更好,用塑料条将接口绑紧(图 5-14)。

嫁接后的日常管理。加强土肥水管理和植株的抹芽、除萌、打架、绑梢、解除绑扎、新梢摘心、病虫防治等管理。

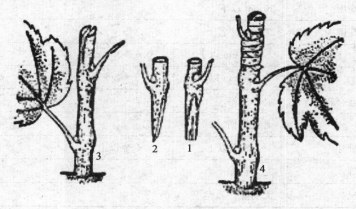

图 5-14　绿枝嫁接

1、2.接穗　3.切砧木　4.绑合

(引自张开春主编《果树育苗关键技术百问百答》,2005 年)

4.苗木出圃

起苗:葡萄苗木经霜打后,叶片 1 周左右自行脱落完毕,便可以起苗。起出苗必须立即假植,以免细根风吹日晒死亡。根据苗木质量标准,将苗木分级(三等级)(表 5-2)。

包装运输:出圃苗木采用编织袋内衬薄膜塑料,添加湿锯末等保湿材料包装。运输过程中要为苗木提供最适生存的温度、湿度和空气条件,运输车辆要求密闭,苗木不能风吹日晒。葡萄自根苗温度要求在－4～8℃,抗寒砧木嫁接苗则最低温度可降到－10℃。

表 5-2　葡萄嫁接苗质量指标

项目		级别		
		一级	二级	三级
品种与砧木类型		纯正		
根系	侧根数量	5 条以上	4 条	4 条
	侧根粗度	0.4 mm 以上	0.3～0.4 mm	0.2～0.3 mm
	侧根长度	20 cm 以上		
	侧根分布	均匀、舒展		
枝干	成熟度	充分成熟		
	枝干高度	50 cm 以下		
	接口高度	20 cm 以上		
	粗度　硬枝嫁接	0.8 cm 以上	0.6～0.8 cm	0.5～0.6 cm
	绿枝嫁接	0.6 cm 以上	0.5～0.6 cm	0.4～0.5 cm
	嫁接愈合程度	愈合良好		
根皮与枝皮		无新损伤		
接穗品种饱满芽		5 个以上	4 个以上	3 个以上
砧木萌蘖处理		完全清除		
病虫危害情况		无明显严重危害		

引自严大义主编《葡萄生产关键技术百问百答》,2005 年。

（二）建园

1.园地的选择与规划

选择地形开阔,地势高燥,排水畅通,背风向阳地。土壤含盐、碱量低,土质疏松,肥沃,保水性能好。有灌溉条件,供电有保障,交通便利,没有各种污染源的地块。

应根据面积、自然条件和架式等进行规划。内容包括作业区、品种选择与配置、道路、防护林、土壤改良措施、水土保持措施、排灌系统等。

2.葡萄品种选择

主要考虑品种特性即成熟期(早、中、晚)、抗逆性和采收时能达到的品质等。早熟品种从萌芽到浆果成熟 110～130 天;中熟品种从萌芽到浆果成熟 130～150 天;晚熟品种从萌芽到浆果成熟在 150 天以上。

3. 架式选择

(1)棚架(图 5-15) 包括小棚架、倾斜式小棚架和棚篱架。小棚架适于平原地区;倾斜式小棚架适于山坡地和不规则的小块地;棚篱架适于公园、庭院长廊。

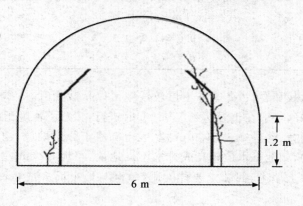

图 5-15 棚架

(引自赵常青等主编《现代设施葡萄栽培》,2011 年)

(2)篱架(图 5-16) 包括单臂篱架、双臂篱架。单臂篱架适于密植早期丰产园;双臂篱架比单臂篱架多一面架,是充分利用土壤的早期丰产型栽培模式。

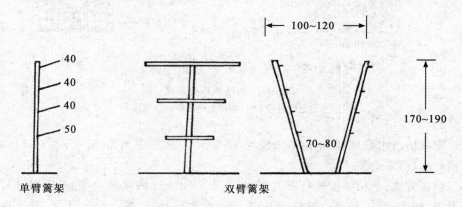

图 5-16 篱架效果图(单位:cm)

(引自赵常青等主编《现代设施葡萄栽培》,2011 年)

4. 栽植技术

栽植密度:栽植株行距主要依据品种、砧木、土壤和架式等而定(表 5-3)。

表 5-3　栽培方式及定植株数

方式	株行距/m	定植株数/(株/亩)
小棚架	(0.5～1.0)×(3.0～4.0)	166～444
倾斜式小棚架	(0.5～0.6)×(2.5～3.0)	180～200
单臂篱架	0.6×(1.2～1.5)	750～800
双臂篱架	0.3×(2.0～2.5)	800～1 000

栽植时期：可秋栽和春栽，冬季冻土层较浅地区以秋栽为宜，冬季气候寒冷的北方地区以春栽较好，一般在土温达到 7～10℃时进行，注意不能晚于萌芽期。

挖栽植沟：按沟宽、深各 0.8～1.0 m 挖，表土和底土分别堆放，沟底填放一层秸秆、杂草等有机物，如地下水位较高或排水不良地块，可填 30 cm 左右厚度的炉渣以作滤水层，再往上填土，回填土要拌粪肥，填至与地平面齐或稍高出地面（图 5-17）。

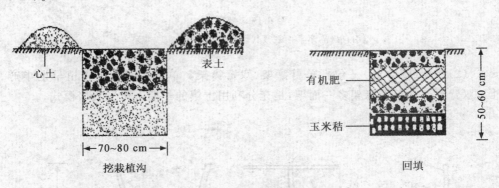

图 5-17　挖栽植沟与回填
（引自赵常青等主编《葡萄大棚栽培》，2013 年）

定植前苗木处理：苗木用清水浸泡 1～2 天，苗木根系剪留 10 cm 左右，以利于新根产生（图 5-18）。

栽植方法：栽植时按株行距挖宽、深各 40～50 cm 的栽植穴，施入肥料并与土壤混匀、踩实；栽植深度一般在 30～40 cm，苗木放入后，填土约 1/2 深，踏实后浇水，待水渗后，填满定植穴。栽后及时覆盖黑色地膜，保证嫁接口部位以上露出地面。根据土壤墒情，一次灌透水，等新梢长出 20 cm 以上时，进行定梢，同时绑蔓，以免风折。在新梢长至 50 cm 以上时，可引缚上架（图 5-19）。

修剪前根系　　　　修剪后根系

图 5-18　苗木根系修剪

（引自赵常青等主编《葡萄大棚栽培》,2013 年）

图 5-19　苗木栽植实物图

（引自赵常青等主编

《葡萄大棚栽培》,2013 年）

（三）土肥水管理

1.土壤管理

采用清耕法、覆盖法、生草法等（图 5-20）。

行间生草、行上覆盖　　　　　　　　　　行间覆盖

图 5-20　覆盖法、生草法

（引自赵常青等主编《葡萄大棚栽培》,2013 年）

2.施肥管理

施肥时期:基肥于秋季果实采收后施入,以有机肥为主,并与磷钾肥混合施用,采用深 40～60 cm 的沟施方法;萌芽前追肥以氮、磷为主,果实膨大期和转色期追肥以磷、钾为主;根外追肥依据缺素症状增加追肥的种类,最后一次叶面施肥应距

采收期 20 天以上。

施肥量:依据地力、树势和产量的不同而不同。在养分平衡法配方施肥试验中,肥料中有效养分含量是一个重要参数,各种化肥和有机肥料中的氮、磷、钾养分都有一定的含量标准范围(表 5-4)。

表 5-4　常用化肥和有机肥中三要素含量　　　　　　　　　　　%

化肥			有机肥			
化学名称	有效养分	有效含量	有机肥料	三要素含量		
				N	P_2O_5	K_2O
硫酸铵	N	20～21	人粪尿	0.60	0.30	0.25
碳酸氢铵	N	16～17	猪粪尿	0.48	0.27	0.43
尿素	N	46	牛粪尿	0.29	0.17	0.10
过磷酸钙	P_2O_5	12～18	鸡粪	1.63	0.47	0.23
钙镁磷肥	P_2O_5	12～18	稻草堆肥	1.35	0.80	1.47
硫酸钾	K_2O	50	菜籽饼	4.98	2.65	0.97
磷酸二铵	N	18	大豆饼	6.30	0.92	0.12
	P_2O_5	46	芝麻饼	6.69	0.64	1.20

引自赵文东等主编《葡萄高产优质栽培》,2010。

施肥方法:棚架葡萄,为了便于灌水,植株周围做树盘施肥。篱架葡萄,多用沟施(图 5-21)。

图 5-21　采用沟施基肥

(引自赵常青等主编《葡萄大棚栽培》,2013 年)

3.水分管理

葡萄正常生长的田间持水量为 60％～80％（即地下 10～20 cm 土层一直保持湿润），低于 50％要灌水，高于 80％必须排水。

灌水时期和灌水量：萌芽期，一般每次以 30 mm 水量，反复灌 2～3 次；萌芽后至开花期间，花前 10 天左右，根据土壤旱情酌情灌一次水，有利于开花坐果（开花期间不宜灌水）；浆果膨大期，小水勤灌，一般以 15～20 mm 水量，每隔 5～7 天灌一次；浆果着色至成熟期，可于 15～20 天灌一次小水，保持土壤湿润即可。果实采收后，结合施肥灌一次大水，有利于恢复树势，为来年打好基础。以后看天气情况，适时灌水。在葡萄落叶冬剪后，要灌一次透水。

灌水方法：棚架一般多以池灌为主；地势平整的篱架葡萄园可采用沟灌；有条件的均可采用喷灌或滴管（图 5-22）。

图 5-22　滴灌

（引自赵常青等主编《葡萄大棚栽培》，2013 年）

（四）整形修剪

1.整形

（1）龙干形整枝（适宜棚架栽培的树形）　见图 5-23。

（2）篱架扇形整枝　可分为大扇形、小扇形、多主蔓自由扇形等形式。

多主蔓扇形整形方法：苗木定植后，留 3～4 个饱满芽短剪，选留 3～4 个壮梢，其余全部除去。冬剪时延长梢留长，其上选 2～3 个副梢短剪，形成扇形树冠；第二年在主蔓上选留 2～3 个侧蔓；第三年在侧蔓上分别选留 2～3 个结果母枝。主蔓间间距 30 cm 左右，侧蔓、结果母枝均匀分布在架面（图 5-24）。

（3）篱架水平整枝　当年培养主干，冬剪留 60～70 cm，第二年春选留 2 个臂枝，水平引缚，其余枝蔓均除掉。冬剪时，臂枝留 8～12 个芽剪截，其上新梢短截，培

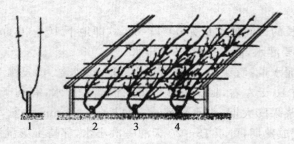

图 5-23　双龙干整形

1. 定植后选 2 个新梢作主蔓,冬剪时在成熟节位剪截　2. 第二年冬剪时,延长枝长剪,其他枝短截　3. 第三年冬剪时,延长枝长剪,过密、过弱、过强枝疏除,其他枝短截,已基本成形　4. 第四年延长枝爬满架后,完成整形,按常规冬剪

(引自严大义等主编《葡萄生产关键技术百问百答》,2004 年)

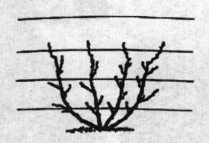

图 5-24　葡萄多主蔓扇形整枝

(引自赵常青等主编《现代设施葡萄栽培》,2011)

养结果母枝。双臂单层是两条主蔓在第一道铁线上向左右两侧水平延伸。双臂双层与双臂单层基本相同,只是在第 2 道铁丝上用同一方法再留一层臂枝(图 5-25)。

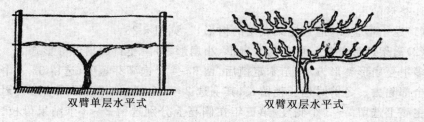

双臂单层水平式　　　　　　　双臂双层水平式

图 5-25　篱架水平整枝

(引自吴禄平主编《实用果树修剪及主要栽培技术》,1993 年)

2.修剪时期与作用

(1)时期、方法

生长季修剪	时期:多在萌芽期至落叶前进行	抹芽:春季萌芽后进行,抹去预备芽、弱芽和隐芽以及萌蘖。
		定梢:在新梢长出10 cm左右、能看到花序时进行。棚架每平方米架面留梢8~16个,篱架每平方米留15~20个枝。
		摘心:开花前5~6天进行。结果枝在花序以上留5~6片叶摘心,发育枝在枝条上留8~10片叶摘心。
		副梢处理:结果枝上果穗以下副梢全部抹去,果穗以上留1~2片叶摘心;对二次副梢,除枝条顶端的2个保留1~2片叶摘心外,其余尽早抹除;营养枝上副梢保留1~2片叶摘心,对二次副梢只保留1~2片新叶反复摘心,以促进新梢生长健壮。
休眠期修剪	从秋季落叶后至土壤结冻前,辽宁10月末至11月初	结果母枝剪留长度:超短梢修剪,剪留芽1个;短梢修剪,剪留芽2~4个;中梢修剪,剪留芽5~7个;长梢修剪,剪留芽8~11个。

由于田间操作中可能会损伤部分芽眼,所以单位面积实际剪留的母枝数可以比计算出的留枝数多10%~15%。

(2)结果母枝更新修剪

双枝更新:留预备枝的修剪法,即选择两个相近的枝为一组,上部健壮枝用中梢修剪法,留作结果母枝,下部枝留1~2芽短剪,作为预备枝。留预备枝的目的不是让其结果,而是让其抽生健壮的发育枝,作为来年的结果母枝。待下年冬剪时,把上面已结果的枝条从基部剪掉,而对预备枝上的2个枝条,上部做结果母枝的留2~4个芽修剪,而下部枝条仍留1~2芽短截,作为预备枝,以后每年照此进行修剪(图5-26)。

单枝更新:在一个枝条上同时培养结果枝和预备枝,对结果母枝采用长、中梢修剪,春季萌芽后让结果母枝上部抽生的枝条结果,而靠近基部抽生的枝条疏去花序培养成预备枝,冬剪时去掉上部已结过果的枝条,而将基部发育好的1~2个预备枝作为新的结果母枝,以后每年均按此种方法剪留结果枝和预备枝(图5-27)。

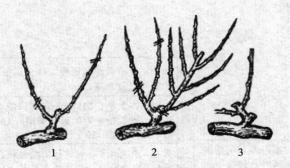

图 5-26　双枝更新修剪方法

1.去年冬剪上位枝剪留 4～6 芽,下位枝剪留 2 芽,即 1 中 1 短修剪　2.今年冬剪时上位枝从母枝基部疏除,下部枝发出的 2 个枝,仍按 1 中 1 短修剪　3.修剪后(又恢复到去年冬剪后的状态)

(引自严大义等主编《葡萄生产关键技术百问百答》,2004 年)

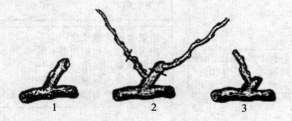

图 5-27　单枝更新修剪方法

1.去年冬剪留 2～3 芽　2.今年冬剪时上位枝疏除,下位枝留 2～3 个芽短截

3.修剪后(又恢复到去年状态)

(引自严大义等主编《葡萄生产关键技术百问百答》,2004 年)

(五)花果管理

1.保花保果技术

(1)花前摘心　在开花前 5～10 天摘心,摘心处的叶片为正常叶片大小的 1/3。

(2)花前防治灰霉病　在葡萄开花前 5 天和开花后 5 天各喷布一次 800 倍的速克灵或 800 倍的扑海因可以有效防治灰霉病。

(3)花期喷硼　在开花前 10 天和始花期各喷 1 次 0.1％～0.3％的硼酸溶液,可以显著提高葡萄坐果率。

(4)利用植物生长调节剂　植株在 6～10 片叶时喷布 50.0～100.0 mg/kg 的

矮壮素(CCC)都可以有效地抑制新梢和副梢的生长,提高坐果率。

(5)加强后期管理 葡萄采收后,加强后期管理,及时防治霜霉病,叶蝉、枝叶部病虫害,保证秋叶的旺盛光合机能,增加树体营养。

2.疏花疏果

(1)疏花序

疏花序时期:通常在新梢上能明显分辨出花序多少、大小的时候分期进行。

疏花序方法:采用双枝更新的枝组,上位枝保留所有带花序的新梢,每个新梢保留一个花序,用于结果;预备枝则保留一个结果枝和一个营养枝,结果枝上只留一个花序;采用单枝更新的枝组,大果穗品种保留1个营养枝、2个结果枝,每结果枝保留一个花序;中、小果穗品种全部保留为结果枝,每果枝保留一个花序。如果是双花序或多花序品种,则保留从下向上数的第二个花序。

(2)花序整形

整形时期:开花前3~5天,也就是花序分离期进行。

整形方法:掐去占花序长度1/5~1/4的穗尖部分,同时要掐除花序的副穗。花序整形可使果穗大小一致,果穗紧凑,果粒整齐(图5-28和图5-29)。

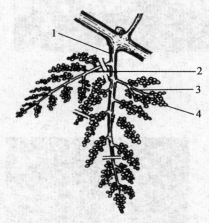

图 5-28 分枝形花序整形效果图
1.花序轴 2.花序副穗
3.花序分枝 4.花蕾
(引自赵常青等主编《葡萄大棚栽培》,2013 年)

图 5-29 分枝形花序穗形

（3）疏果穗

疏果穗时期：宜在谢花后1周内，果实似绿豆大小时进行。

疏果穗方法：疏去坐果不良、带病和弱枝上的果穗，使每棵树的结果枝与营养枝的比例保持在3∶1。

疏果粒（疏果粒分两次进行）：第一次在果粒似黄豆大小时，和疏果穗工作结合起来进行，疏掉畸形果、病果；第二次在果实套袋前，疏掉畸形果、小僵果和病果以及过密部位的果粒，确定每穗的最终果粒数（图5-30）。

疏果前　　　　　　　　　　　　　　　　疏果后

图 5-30　疏果

（引自赵常青等主编《葡萄大棚栽培》，2013 年）

3. 果实套袋

套袋前对果穗整理和消毒灭菌，对地下灌一次透水，提高地面湿度。等果粒黄豆大小时进行套袋。选择在晴天下午4时之后或阴天果面无水时进行（图5-31）。

具体操作方法：将纸袋有扎丝（1捆100个袋）的一端浸入水中5.0～6.0 cm，浸泡数秒润湿。套袋时两手大拇指和食指将有扎丝的一端撑开，将果穗套入纸袋内，当果梗大部分进入果袋后，再将袋口从袋口两侧向穗梗收缩，集中于穗梗上，应紧靠新梢，用袋上自带的细铁丝顺时

图 5-31　果实套袋（白纸袋）

（引自赵常青等主编《葡萄大棚栽培》，2013 年）

针或逆时针将金属丝转一到两圈扎紧（图 5-32）。注意在整个操作过程中，尽量不要用手触摸果实，损害果粉。套袋结束后，全园再灌一次透水，降低园内温度，减轻日灼病的发病程度。

 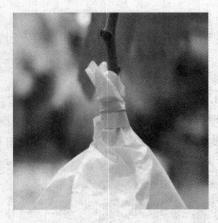

图 5-32　果实套袋方法

（引自赵常青等主编《葡萄大棚栽培》，2013 年）

摘袋：当果实具有了该品种特有的色泽、风味，达到完熟时，可以摘袋采摘销售了。透明塑料袋可不除袋，带袋采收。套白色果袋的紫黑色葡萄品种，可以带袋销售或边采果边取袋；红色品种，可在采果前 7~15 天取袋，以促进着色和成熟。脱袋时注意避开高温天气，防止灼伤果粒。去袋时间应在上午 10 时前和下午 4 时后，阴天可全天进行。摘袋后要做好防止鸟、虫危害和空气污染的工作，最好不要将果袋一次性摘除，先将底部打开，撑起，呈伞状，待采收时，再全解。

4. 采收

采收时要轻拿轻放，并随时除去病残果粒。注意对采收下来的果实首先要剔除病害果、畸形果和残次果，然后按照果穗色泽、大小、含糖量这三个标准将果实分级装箱。

（六）植株埋土防寒

1. 埋土时间

北方一般在土壤封冻前进行。埋土过早因土温高、湿度大易发生芽眼霉烂；若埋土过晚，在冬初气温不稳定的情况下，容易发生冻害。

2.埋土方法(图 5-33)

地上实埋法:修剪后将植株压倒在地面上,捆扎覆土,覆土厚度以冬季绝对最低温度而定,一般-10℃时覆土 15 cm,-15℃时覆土 25 cm 左右,温度越低,覆土越厚。

地下实埋法:沿植株枝蔓延伸的方向,挖深、宽各 30~50 cm 的沟,将捆好的枝蔓放入沟中,再行覆土,特别寒冷的地区,在枝蔓上先覆以树叶、干草,然后覆土,可减少覆土厚度。

3.撤土

埋土防寒的植株,当气温达 10℃ 以上时,应及时出土。撤土过早易受冻害,撤土过晚芽眼在土内萌发,出土时易遭受损伤。在出土时注意尽量避免碰伤枝芽。

埋土防寒

简化防寒

图 5-33　防寒实物图

(引自赵常青等主编《葡萄大棚栽培》,2013 年)

(七)病虫害防治

1.病害防治

白腐病(图 5-34):合理修剪,改善通风透光条件,降低湿度,减少病害发生。发病时喷施己唑醇、苯醚甲环唑等防治。

灰霉病(图 5-35):温度低、湿度大时易发病。发病时使用嘧霉胺、嘧菌环胺等药剂治疗。

病叶　　　　　　　　　　　　　　病果

图 5-34　白腐病

花序　　　　　　　　穗轴　　　　　　　　果实

图 5-35　灰霉病

霜霉病(图 5-36)：及时剪除多余的副梢枝叶,创造通风透光条件,适当增施 P、K 肥,减少病害发生。发病时使用烯酰吗啉、氟吗啉、霜脲氰等药剂。

2.虫害防治

红蜘蛛(图 5-37)：改善空气湿度,保持通风能够减少虫害发生。发芽前喷施石硫合剂、虫害发生初期喷施螨死净、螨危、螺螨酯等杀虫剂防治。

粉蚧类(图 5-38)：萌芽前喷施石硫合剂灭杀越冬卵,在蚧壳虫未形成蜡质壳之前喷施甲维盐、氯氰菊酯等杀灭。

叶面　　　　　　　　　　　　　　　叶背

图 5-36　霜霉病

叶面　　　　　　　　　　　　　　　叶背

图 5-37　红蜘蛛

图 5-38　粉蚧为害浆果状

● 复习思考题

一、填空题

1. 梨树花序为( )，苹果花序为( )，葡萄花序为( )。

2. 葡萄根系结构由( )、( )、( )等组成。

3. 葡萄的修剪方式主要可分为( )修剪、( )修剪和( )修剪。

4. 葡萄插条贮藏的窖温应保持在( )为宜，不要高于 5℃，湿度以( )左右为宜。

5. 葡萄的叶腋中存在两种芽，为( )和( )，其中( )具有早熟性。

6. 葡萄园土壤管理的方法有( )、( )、( )、( )。

二、判断题

1. 巨峰葡萄下架防寒的主要目的是防止葡萄枝芽免遭冻害。( )

2. 葡萄的叶片是对生的。( )

3. 葡萄的冬芽无论采取何种措施，都要至次年春才能萌发。( )

4. 采集接穗时应采用树冠外围的发育枝。( )

三、问答题

1. 简述葡萄芽的类型和特性。

2. 简述葡萄硬枝扦插的技术要点。

3. 比较龙干整枝和扇形整枝的优缺点。

4. 什么是葡萄长梢、中梢和短梢修剪？如何应用？

5. 叙述葡萄夏季修剪。

6. 如何对葡萄进行更新修剪？

7. 说出葡萄施肥灌水的时期。

8. 简述葡萄埋土防寒的方法。

9. 简述葡萄套袋时期和摘袋时期及套袋的优点。

10. 简述葡萄常见的主要病害有哪几种，其防治方法有哪些。

11. 说明葡萄花果管理。

任务二　草莓生产

【知识目标】

了解草莓的形态特征、草莓园的建园规划设计;掌握草莓脱毒苗木的繁育技术、日光温室栽培技术。

【能力目标】

解决草莓生产过程中存在的主要问题;独立完成草莓日光温室的生产;有效防治主要病虫害。

【知识准备】

1.草莓叶片生长习性

露地栽培条件下,春季气温达 5℃ 时,草莓植株开始萌芽生长,其生长发育最适宜温度为 20～26℃。1 株草莓年展叶 20～30 片。叶片寿命一般为 80～130 天。越冬保护好,其寿命可延长至 200～250 天。从定植后至休眠前植株的生育状况与翌年的产量密切相关,叶片数量达 8～10 片时,其花果数量可显著增加。

2.草莓脱毒苗

通过茎尖培养结合高温处理或花药培养脱毒,前者通过 33～38℃ 高温处理再剥取茎尖分生组织进行培养;后者采用单核靠边期的花药进行培养脱除病毒。

其优点是:

生长快,长势旺,茎叶粗壮,繁殖系数高达 50～100 倍。

植株抗病,耐高温或抗寒能力大大增强。基本上没有病虫害,一般不需要打农药。

每株开花数多,花序数、坐果率平均增加 50% 左右,无畸形果,果实质量一级。

果实外观好,色泽鲜红,均匀整齐,果个大,最大单果重 60～80 g。

结果期长,结果期一般延长 20～25 天,有利于分批上市。

产量高,经济效益好,去病毒苗比原品种未脱毒苗每亩可增产 500～1 000 kg,平均产量可达 2 000 kg,果实收入 6 000～10 000 元。

3.温度要求

春季外界温度达到 5℃ 时开始萌芽生长,此时植株抗寒力低,遇到 −7℃ 低温就会受冻害,−10℃ 时则大多数植株死亡。草莓地上部生长最适宜的温度为 20～

26℃。开花期低于 0℃ 或高于 40℃ 都会影响授粉受精,产生畸形果,开花期和结果期最低温度界限是 5℃。气温低于 15℃ 时进行花芽分化,降到 5℃ 时花芽分化又会停止。夏季气温超过 30℃ 时,草莓生长受抑制,不长新叶,有的老叶出现灼伤或焦边现象。

【学习内容】

一、形态特征(图 5-39)

(一)根系

须根主要分布于 20 cm 土层内。新根寿命通常为 1 年,根系生长温度范围为 2~36℃,最适宜生长温度为 15~23℃。在露地环境条件下,一年当中一般有 3 次发根高潮。分别在 2—4 月、7—8 月、9 月中至 11 月,以第三次发根最多。

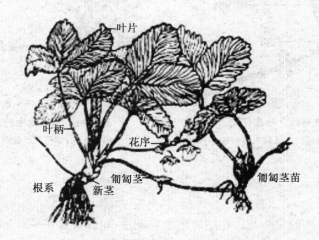

图 5-39 草莓植株的形态结构

(引自黄国辉主编《草莓高产优质栽培》,2010 年)

(二)芽、叶、茎

1. 芽

由新茎顶芽和腋芽组成。新茎顶芽和腋芽都可分化成花芽。腋芽当年可萌发为匍匐茎。

2. 叶

草莓叶片发生于新茎上,呈螺旋状排列。叶为三出复叶(图 5-40)。

3. 茎

由新茎、根状茎、匍匐茎组成。

(1)新茎　当年萌发或一年生的短缩茎,呈半平卧状态,节间密集而短缩,其上密集轮生着叶片。

(2)根状茎　新茎下部着生不定根,即第二年的新茎为根状茎。它是营养贮藏器官,2 年生以上的根状茎逐渐衰老死亡,其上不定根也随着死亡,根状茎越老,地上部分生长越差。

(3)匍匐茎　由新茎上的腋芽当年萌发成为新茎分枝。匍匐茎有 2 节,第 2 节生长点能分化叶片、发生不定根、形成一代子株,子株可抽生二代匍匐茎、产生二代子株,依此类推,可形成多代匍匐茎和多代子株(图 5-41)。

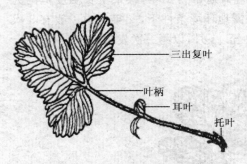

图 5-40　草莓叶片形态结构

(引自黄国辉主编《草莓高产优质栽培》,2010 年)

图 5-41　草莓发生的匍匐茎

(引自黄国辉主编《草莓高产优质栽培》,2010 年)

(三)花、果

1. 花

草莓花是白色的完全花。花序为聚伞状花序,单株花序 2～8 个,一个花序上可以生长 3～60 朵花不等,一般在 20 朵左右(图 5-42 和图 5-43)。草莓的花期很长,在露地条件下,整个花序全部花期 20～25 天。在设施保护栽培条件下,因其日照时间短,夜温低,温差大,开花时间可长达 4～5 个月。

2. 果

由花托肥大发育而成的聚合果(图 5-44)。果实为假果,栽培学分类称为浆果。果实成熟时果肉红色,粉红色或白色。开花后至 15 天果实发育缓慢,花后15～25 天迅速肥大,授粉充分、种子数量多,果个大,反之果个则小,畸形果多。

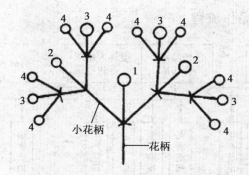

图 5-42 草莓花序模式
(引自黄国辉主编《草莓高产优质栽培》,2010 年)

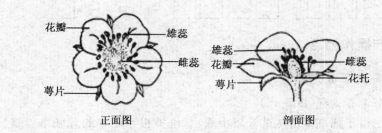

正面图　　　　　　　　　　　　剖面图

图 5-43 草莓花
(引自黄国辉主编《草莓高产优质栽培》,2010 年)

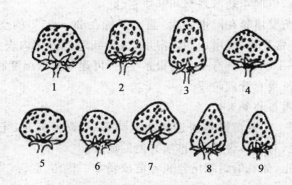

图 5-44 草莓果实形态示意图
1.宽楔形 2.短楔形 3.长楔形 4.扇形 5.扁圆形 6.圆球形
7.扁圆锥形 8.长圆锥形 9.圆锥形
(引自黄国辉主编《草莓高产优质栽培》,2010 年)

二、草莓生产操作流程

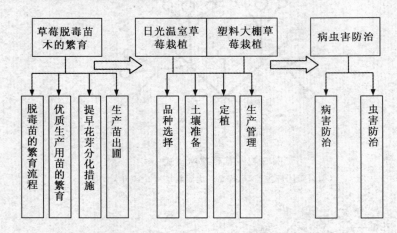

三、生产操作要点

（一）草莓脱毒苗的繁育

1. 脱毒苗繁育流程（图 5-45）

栽植时用镊子把草莓苗从试管瓶中取出，洗掉根系附带的琼脂培养基。事先备好 8 cm×8 cm 或 6 cm×6 cm 的塑料营养钵，内装等量的腐殖土和河沙。栽前压实，浇透水，用竹签在钵中央打一小孔，将试管苗插入其中，压实苗基部周围基质，栽后轻浇薄水，以利于幼苗基部和基质密合。

栽后的试管苗要培养在湿度较大，温度保持在 20～25℃ 的空间内，一般加设小拱棚保湿，并经常浇水，以增加棚内湿度，以见到塑料薄膜内表面分布均匀的小水珠为宜。过 7～10 天检查有一定的根系生出，可逐渐降低湿度和土壤含水量，进入正常幼苗的生长发育管理阶段。

2. 优质生产用苗的繁育

（1）圃地管理　草莓苗圃地应选择在地势平坦、光照充足、土层较厚、结构疏松、呈微酸或中性、有机质含量高、排灌方便的地点。

选择品种纯正、健壮的组织培养脱毒苗或脱毒一代苗、脱毒二代苗为繁殖生产用苗的原种苗。

每亩施腐熟有机农家肥 3～5 t，草莓专用复合肥或磷酸二铵 25～30 kg 全园施肥。结合施肥深翻土地 30～40 cm，耕匀耙细后做成宽 1.2～1.5 m 的平畦或高畦。

图 5-45 草莓脱毒培育流程

1、2.灭菌过的培养基 3.消毒工具 4.修剪外植体 5.接种 6.培养 7.初代培养

8、9.分化好的新芽转入到新培养基 10.继代培养 11.生根培养

12、13.苗木驯化 14、15.苗木定植栽培

　　春季日平均气温达到 10℃ 以上时定植母株,东北地区在 4 月下旬至 5 月上旬,组织培养脱毒苗要在晚霜后定植。将母株单行定植在畦中间,株距 50～80 cm。一般北方地区亩定植 800～900 株,繁殖系数低的是繁殖系数高的 1.2～2 倍。

　　在苗床上按栽植密度刨穴,将苗放入穴中央(营养钵中的带土定植),舒展根系,培细土后浇透水,待水渗下后封穴。植株栽植的合理深浅度是颈部与地面平齐,做到深不埋心,浅不漏根(图 5-46)。

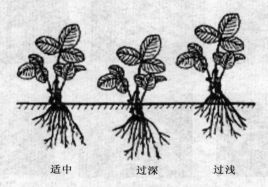

适中　　　　　过深　　　　　过浅

图 5-46　草莓定植深度示意图

(引自黄国辉主编《草莓高产优质栽培》,2010 年)

　　定植后要浇一次透水。定植 1 周内,每天浇两次水,待发出新根长出新叶后,土壤相对湿度保持在 70%～80%。采用喷灌或漫灌。

　　缓苗后,叶面喷施 0.2% 尿素一次,开始旺盛生长时,施一次氮磷钾复合肥,每株 2 g。匍匐茎大量发生后,叶面喷施 0.3%～0.5% 尿素一次,以后每隔 15～20 天喷一次。8 月份停止施氮肥,改喷 0.5% 磷酸二氢钾两次。

　　母株上抽生的花序要立即去除,去除时间越早越好。当母株的新叶展开后,应及时去掉干枯的老叶、枯叶和病叶,并将托叶鞘一并去除。匍匐茎伸出后,要及时引茎,即将其在母株周围均匀摆布,避免重叠在一起或疏密不均。当匍匐茎长到一定长度出现子苗时,在匍匐茎苗的偶数节位处挖一小坑,培土压茎并将生长点外露(图 5-47)。

　　每株保留 50 株左右匍匐茎苗,每亩繁育的合格苗控制在 4 万株以内,子苗之间距离不小于 12 cm,多余的匍匐茎在未扎根之前尽早去掉。

　　重点防治草莓炭疽病、草莓蛇眼病、草莓白粉病、草莓褐角斑病、草莓褐色轮斑病及蚜虫、地老虎等病虫害。

图 5-47　草莓匍匐茎压茎示意图
(引自黄国辉主编《草莓高产优质栽培》,2010 年)

(2)假植技术

营养钵假植:根据定植时间决定假植时间,假植时间为 30~60 天,假植时,应选择具有 3 片以上展开叶的匍匐茎苗。假植深度以深不埋心、浅不露根为准,假植后立即浇透水,以后每天浇水 1~2 次。栽植 15 天后喷施 0.3%尿素一次,以后每隔 10 天喷施一次 0.5%氮磷钾复合肥。进入 8 月份后,每隔 10 天喷施一次 0.2%磷酸二氢钾,假植期间及时摘除抽生的匍匐茎和枯叶、病叶,并进行病虫害综合防治。

苗床假植:土壤经过消毒,采用全园施肥。(每亩施腐熟有机肥 2.5~3 t,草莓复合肥 25~30 kg)深翻 30 cm 左右,整平耙细。做成 0.8~1.2 m 宽高畦,床高 15~20 cm。假植株行距为 10 cm×15 cm。7 月上中旬,选择具有 3 片以上展开叶的匍匐茎苗假植。

3.提早花芽分化措施

(1)低温冷处理　将在 8 月中下旬选择的具有 3 片完全展开叶,新茎粗度 1 cm 以上的营养钵中假植草莓苗,连续处理 15 天左右,每天光照 8 h 之后送入控制在 12~14℃的冷库中。

(2)短日照处理　8 月中下旬开始,在草莓假植床上搭小拱棚架,上覆遮光网,连续遮光处理 20 天以上,提早进入花芽分化。

4.生产苗出圃

(1)出圃时期　当大部分匍匐茎苗长出 5 片以上叶时可出圃定植。

(2)出圃前断根处理　出圃前 15 天左右进行断根处理。首先用铁锹在小苗周围营养土切成 5~7 cm 边长的正方体或圆柱形缩短根系。

(3)起苗　起苗前两天浇一次水,起苗时带土坨,带土移栽。营养钵假植苗定植时只需将苗从营养钵中倒出定植。

(4)包装运输　挑选清洗苗木,以 50 株一捆,根部套袋,在冷库中预冷 24 h,装入低温冷藏车运输。

(5)草莓苗木质量标准　草莓苗木质量常以根的数量和长度、新茎粗度、健康展开叶片数、芽的饱满程度及是否有病虫害作为衡量标准(表 5-5)。

表 5-5　草莓苗木质量标准

项目	分级	一级	二级
根	初生根数	5 条以上	3 条以上
	初生根长	7 cm 以上	5 cm 以上
	根系分布	均匀舒展	均匀舒展
新茎	新茎粗	1 cm 以上	0.8 以上
	机械伤	无	无
叶	叶片颜色	正常	正常
	成龄叶片数	4 个以上	3 个以上
	叶柄	健康	健康
芽	中心芽	饱满	饱满
苗木	虫害	无	无
	病害	无	无
	病毒症状	无	无

引自黄国辉主编《草莓高产优质栽培》,2010 年。

(二)日光温室草莓栽植

1. 品种选择

(1)选择依据　休眠期相对短的,已形成花芽的,对低温和高湿适应性强的,能正常授粉受精的,早熟、优质、丰产、抗病的品种系列。

(2)品种　主要采用日本系列,丰香、红颊、红珍珠、幸香和欧美品种,甜查理、图德拉等。

2. 土壤准备

(1)土壤消毒　太阳能消毒,当日光温室夏季休闲时,清除残株和杂草,在地表上撒上碎稻壳(1 kg/m²)、石灰氮(0.1 kg/m²)与土壤混合后,做畦、灌水并盖上地膜,覆盖大棚布,封好通气口,这样白天土壤表层温度可达到 70℃,20 cm 深土层土温全天可在 40~50℃,持续 20~30 天,就可以起到土壤消毒和除盐的作用。

威百亩熏蒸消毒:在精细翻耕整地上,按 35% 威百亩用量 10~20 L/亩,兑水均匀浇灌,使 20 cm 土壤完全湿润,覆膜。要避免使用者中毒事故,可采用先铺设滴灌,覆地膜,将药液施入土壤中。等 20 天后揭膜,并按 20 cm 松土,2～7 天后即可定植。注意,药现配现用,施药时应戴防护用具。

(2)整地施肥 日光温室草莓在定植前 1 周左右要平整土地。每亩全层施入优质腐熟有机肥 5 000～10 000 kg。有机肥种类不能单一,最好是 2～3 种有机肥配合,如鸡粪和牛马粪混合、猪粪和羊粪等肥的混合。同时沟施速效性化学肥料,碳酸铵 5 kg、碳酸氢铵 20 kg、硫酸钾 15 kg 或施氮磷钾复合肥 50 kg。注意不要伤及草莓根系。起垄最好为南北走向,垄高 20 cm,垄距 70～80 cm,垄顶宽40 cm。

3. 定植

(1)定植时期 沈阳吉林一带最好在 8 月 25 日前定植完,经假植育苗过程的定植时期可适当提前和延后,抚顺地区可在 9 月上旬至 9 月下旬。

(2)定植密度 按每垄双行定植。小行距 22～25 cm,株距 13～17 cm。每亩定植 10 000 株左右。

(3)定植方法 定植的前一天应对繁苗田或假植苗圃进行灌水湿润土壤,移栽起苗时应对子苗进行整理,去除老、残、病叶片,留 3 cm 长匍匐茎。

定植时,要将根系充分地伸展于定植穴内,不能窝根,定植深度要适宜,达到"上不埋心叶,下不露根茎"即可。定植时要注意定植方向,草莓弓背的方向要朝向垄沟。

4. 生产管理

(1)定植后到扣棚加温前管理 定植成活后,将定植时留下的枯、干叶柄及时摘去,对那些老、残叶片要根据植株的生长情况适时摘除。对栽后出现栽植过深、过浅的要及时加以调整。栽后顺垄浇一次大水,把垄顶秧苗周围的土洇透、沉实,同时低浓度的液肥和生根剂灌根,促进生长。栽后适时中耕松土和扶垄。9 月中旬至 9 月下旬(抚顺地区),适度控制水分和氮素营养供应,抑制植株的旺长,促进花芽分化。

(2)扣棚加温后管理 辽宁抚顺地区 10 月中下旬是扣棚加温的适期。温室大棚开始扣棚加温第一周内,要整理植株,去除病、残和弱功能叶片,浅中耕松土。安装滴灌设施后覆盖黑色地膜。常采用单幅和双幅两种覆盖方式。单幅覆盖就是一块地膜覆盖在一条垄上。双幅地膜覆盖就是大垄上的每行草莓各覆一块地膜,行间重叠部分不少于 5 cm。落膜后要将膜口用土压实封严。

(3)温度管理 萌芽期白天 16～28℃,夜间 8℃以上;现蕾期白天温度 25～28℃,夜间 10～12℃,不超过 13℃;花期白天 22～25℃,夜间 8～10℃;果实膨大期白天 20～26℃,夜间 8℃;采收期白天 13～25℃,夜间 5～7℃。

在顶花芽分化之后,并且第一腋花芽也已分化至植株将要进入休眠以前,即当 10 月中下旬最低气温降至 8～10℃时,用 0.6～0.8 mm 厚的长寿无滴膜覆盖棚。在 11 月上旬盖草帘达到夜间 5～7℃温度。10 月底或 11 月初覆盖黑褐色地膜。

(4)湿度管理　第 1 花序分化时,土壤湿度保持在 50%～60%;花蕾前空气湿度可控制 60%～80%;花期空气湿度保持在 40%～60%,最好控制在 50%;结果期空气湿度保持在 60%～70%;果实膨大期的空气湿度也应控制在 60% 左右,以利果实的膨大。

地表全覆盖,除垄面覆严地膜外,垄沟也应该覆地膜或稻草、麦秆等,减少土壤直接蒸发。实施膜下滴灌,禁止大水漫灌。适时通风降湿,要选择棚温较高时开放风口降湿。注意,连续阴雨天气时,在保证草莓不受冻害和冷害的前提下,应降低棚内湿度,以防灰霉等病害。

(5)光照管理　人工补光时期,从 11 月下旬开始到 3 月上旬结束。用 100 W 和 60 W 的白炽灯补光,每亩设 25 个 100 W,间隔 4 m 左右;安装 35～40 个 60 W,间隔 3 m,张挂高度在离垄面 1.5 m 和距棚室前缘 2.5～3 m 处。补光方式有 3 种,一是延长光照时间,即从日落开始到 22:00 结束;二是中断补光,即从 22:00 到翌日 2:00;三是间歇式补光,即从日落到日出,每小时间歇照明 10 min,停 50 min。

(6)肥水管理　早晨揭完大棚覆盖物后,看草莓植株叶缘是否有吐水,有吐水土壤不缺水,不见吐水就缺水,应该供水。

开花期和果实膨大期,追施速效性肥料(碳酸铵、磷酸氢铵、硫酸钾)等。根施结合灌水将肥料溶解到灌溉水中随灌水一并施入,不易溶解肥料,进行穴施或沟施,施后应灌水;根外追肥,肥料按要求比例进行叶面喷施,一般喷后 3～5 天即可见效。

(7)激素处理　在草莓促成栽培中喷施适量的赤霉素,可打破休眠,防止植株矮小,促进叶柄伸长、花序抽生和提早成熟。一般草莓现蕾 30% 时,喷施 4～10 mg/L 赤霉素。

花芽形成前期和在半促成栽培中因低温休眠过足引起徒长时喷施抑制剂(pBo)300～600 倍浓度效果很好。

(8)植株管理　摘除植株上的枯叶、老叶、黄叶、病叶;对抽生过多的新茎要适当去除,选留 1～2 个方位好粗壮的新茎;整个棚室管理中及时去除匍匐茎,节省营养;果实采收后及时从花序基部去除残存花序。

(9)花果管理

辅助授粉:一是放蜂的方法,在开花 3～4 天后将蜂箱放入温室,每栋温室(333.5 m²)放一箱蜂即可;二是人工授粉方法,用软毛笔轻轻涂花,也可以达到辅助授粉的目的。

疏花疏果：在花蕾彼此分离期至翌年 6 月份疏去高级次花蕾，草莓开花授粉后在能看清果实授粉情况时尽早疏果，每个花序留果量不超过 5 个，疏去畸形果、病虫果和小僵果。

采收：当果实转为鲜红色时即可采收，要轻摘轻放，并剔除畸形果、病果，然后分级包装。

（三）塑料大棚栽培

1.品种选择

选择休眠期较长，抗寒、丰产优质的中、晚熟品种。选用脱毒原种苗所繁殖的假植苗。

2.土壤准备

轮作倒茬。草莓前茬为玉米、大豆或水田地，不能用茄科类作物，更不能用除草剂。

对重茬栽培两年以上的地，要尽早进行土壤消毒处理。

定植前 1～2 周整地施肥。每亩施腐熟复混（2～3 种农家肥）优质农家肥 5 000～10 000 kg，均匀撒在土壤表面，进行 2～3 次耕翻，深度 20～30 cm。开沟每亩施氮磷钾复合肥 50 kg 或磷酸二胺 30 kg、硫酸钾 20～30 kg，起垄距 80～85 cm，垄高 15～25 cm。

3.定植

早春应早于温室草莓的定植时期，抚顺地区可在 8 月下旬至 9 月上旬。

定植前一天，将假植草莓苗地进行湿润处理。注意起苗带土坨，边起边移栽。需要运输，注意防止根系失水，移栽前用 70％甲基托布津 600 倍液浸蘸植株，待植株阴干后即可定植。

采用大垄双行栽植。小行距 25 cm，株距 15～18 cm，每亩栽苗 8 000～10 000 株。

4.生产管理

（1）定值后到扣棚前管理　定植后保持土壤湿润以保成活，到 9 月上旬进入花芽分化期要控制水。集中灌水期以后，及时浅中耕扶垄。9 月中旬去除部分老叶和大叶片和匍匐茎。在防寒前浇一次防冻水，覆盖地膜，在地膜上再覆盖 7～10 cm 厚的稻草。

（2）扣棚加温管理　在北方地区有早春和晚秋两种扣棚方式。辽宁沈阳、抚顺市区多采用秋季扣棚，早春扣棚属加温式扣棚，辽宁丹东地区在 2 月上旬扣棚再加盖草帘加温。

大棚扣棚加温后,清除覆盖在地膜上的稻草,整理植株,去除病、残和弱功能叶片,中耕松土。施氮磷钾复合肥,每亩施深圳产的"芭田"牌20 kg,施肥后进行扶垄。安装滴灌设施后覆盖黑色地膜。在草莓现蕾前要喷施杀虫和杀菌药各2～3次。

(3)温、湿度管理 萌芽期白天16～28℃,夜间5℃以上;现蕾期白天温度25～28℃,夜间最低不低于5℃;花期白天22～25℃,夜间6～8℃;果实膨大期白天20～22℃,夜间6～8℃;采收期白天13～25℃,夜间5～7℃。开花前空气湿度控制60%～80%;花期空气湿度控制在50%～60%;果实膨大期空气湿度控制在60%左右。

傍晚对棚室周围盖一圈草帘,在草莓现蕾前大棚内上二次小拱,白天温度控制在25～28℃。

(4)激素处理 花芽和部分腋花芽抽出后,喷施抑制剂(pBo)300～600倍浓度,在一次喷后一周再喷一次,效果很好。

(5)植株管理 摘除植株上的枯叶、老叶、黄叶、病叶。抹新茎,去匍匐茎,去残存花序。

(6)花果管理 辅助授粉方法与温室生产相同。当果实上部着色后,转动果穗,使果色均匀,色泽艳丽。当果实转为鲜红色时即可采收。要轻摘轻放,并剔除畸形果、病果,然后分级包装。

(四)病虫害防治

1.病害防治

(1)根腐病 进行轮作避免重茬,及时清除病株,周围土壤可用95%敌克松可湿性粉剂600～800倍液灌根消毒。

(2)芽枯病 控制栽培密度,避免过多施肥,降低室内空气湿度,喷药防治可用70%克霉净400～500倍液或用50%速克灵800倍液防治,效果很好。

(3)灰霉病 控制栽培密度,避免过多施肥,降低室内空气湿度,喷药防治可用70%克霉净400～500倍液或用50%速克灵800倍液防治,效果很好。

2.虫害防治

(1)蚜虫 用马拉松乳剂,氧化乐果乳剂等接触杀虫剂,一般在5—6月和9—10月,特别是9—10月一次,可防止蚜虫的越冬。

(2)叶螨 喷10%吡虫啉4 000～6 000倍、螨死净2 000～2 500倍。

● **复习思考题**

一、填空题

1.草莓植株比较矮小,但草莓的茎很有特点,一般分为（　　　　　）
（　　　　　）（　　　　　）三部分。

2.草莓的繁殖方法有（　　　　　）（　　　　　）和（　　　　　）,生产上最常用的
方法是（　　　　　）。

3.草莓根系由（　　　　　）（　　　　　）（　　　　　）组成。

二、判断题

1.草莓在低温短照的条件下有利于花芽分化,利用山间谷地育苗可以促进其
花芽分化的进程。（　　　）

2.日光温室草莓定植的时间一般在秋季,为9月下旬至10月上旬。（　　　）

三、问答题

1.简述草莓植株管理。

2.脱毒苗繁殖有什么优点？

3.如何草莓假植育苗？

4.什么叫脱毒育苗？

5.说明草莓设施内温度管理。

6.简述草莓设施内湿度管理。

7.简述温室扣棚时期。

8.怎样防治草莓灰霉病？

9.如何防治草莓芽枯病？

10.说出草莓的主要虫害,并提出有效的防治措施。

11.简述生产苗的出圃要点。

12.试述优质生产用苗的繁育。

任务三　寒富苹果生产

【知识目标】

　　了解寒富苹果的形态特征和结果习性、肥料种类和性质、寒富苹果园的规划设
计；掌握施肥时期、施肥方法和施肥量、寒富苹果的培育技术要点及操作方法；熟悉
灌水时期、灌水方法和灌水量、整形、修剪的基本原理。

【能力目标】

解决寒富苹果生产过程当中存在的主要问题；制定寒富苹果整形修剪计划、采用先进的修剪技术；有效防治主要病虫害。

【知识准备】

1. 寒富苹果来源

1978年春，沈阳农大李怀玉教授，以抗寒性强而果味酸的东光为母本，品质极上而抗寒性差的富士为父本进行杂交，1979年在内蒙古宁城县巴林果园进行播种，育成的抗寒、丰产、果实品质优、短枝性状明显的优良苹果品种"寒富"。

2. 栽植前苗木处理

栽植前要进行剪根处理，要立杆放线，对准行向。栽植时，选择根系发达、生长健壮的寒富苗放置在配有600倍多菌灵的溶液中浸泡，对苗木消毒并且能使苗木充分吸收水分。浸泡后的苗木根系，放到配有生根粉的泥浆中浸蘸一下，即可栽植。

3. 修剪方法（图5-48）

刻芽：春季萌芽前，在芽的上或下方0.5 cm处，用刀刻半月形切口。

抹芽：抹除嫩芽刚吐出的或萌蘖枝。

摘心：对当年生新梢的剪截。

扭梢：指将旺梢向下扭曲或将其基部旋转扭伤。

拉枝：是加大角度的方法。将直立枝拉成水平，甚至下垂生长。

拿枝：用手对旺梢自基部捋一捋，伤及木质部，响而不折。

环剥：对直立旺枝基部一定宽度的树皮剥一环。

疏枝：将枝条从基部剪掉。

短截：是剪去一年生枝条的一部分。剪去枝条的1/3叫轻短截；剪去枝条的1/2叫中截；剪去枝条的2/3叫重截。在基部留2~3个瘪芽处短截叫极重短截。

回缩：是剪去多年生枝条的一部分。

缓放：也叫长放，对枝条不做任何处理，任其自然生长。

4. 人工授粉

在授粉树搭配不合理又缺乏授粉昆虫情况下，可采用人工辅助授粉的方法。采集的花粉品种应是与寒富亲和力强、花粉量大、花期相遇、发育正常的品种，如新红星、嘎啦、金冠等,采集的花粉于寒富的盛花初期,在花开放的当天或次日授粉效果最佳。

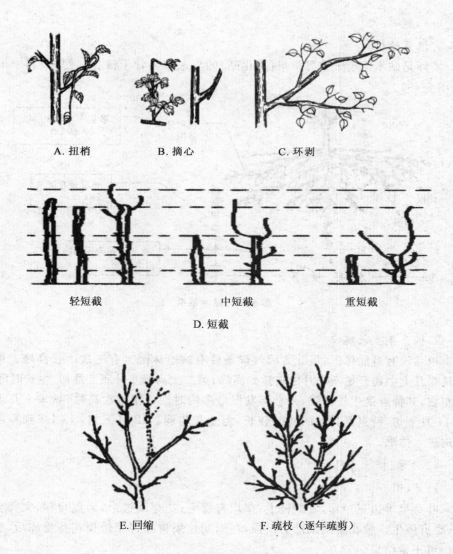

A. 扭梢　　　　　B. 摘心　　　　　C. 环剥

轻短截　　　　　中短截　　　　　重短截

D. 短截

E. 回缩　　　　　F. 疏枝(逐年疏剪)

图 5-48　修剪方法

【学习内容】

一、形态特征

（一）根系

1.根系结构

实际是砧木山定子或海棠果（乔化砧）的根系。由骨干根（主、侧根）和须根组成（图 5-49）。

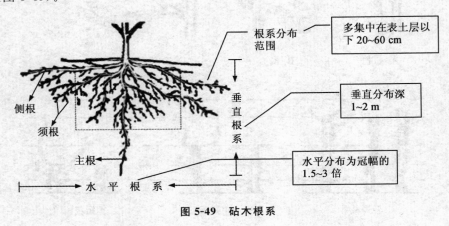

图 5-49　砧木根系

2.根系年生长规律

根系没有自然休眠，但北方因气候条件有被迫休眠。有三次生长高峰。第一次从 3 月上中旬开始至 4 月中旬达到高峰；第二次高峰 6 月底 7 月初，生长时间 10 周左右，其特点是生长势强，是全年发根最多的时期。第三次高峰，秋季 9 月上旬至 11 月下旬，特点是持续的时间较长，但生长势弱。12 月下旬，土温降到零度时被迫进入休眠。

（二）芽、枝

1.芽（图 5-50）

叶芽呈等边三角形，紧贴枝上；芽均有茸毛；花芽圆锥形，为混合芽，大部分顶生，也有腋生。腋花芽结果能力极强，在周期性果树冻害年份顶花芽受冻后，腋花芽仍可正常结果。

2.枝

树干灰褐色有不规则的纵裂或片状剥落，小枝光滑。短枝型多，枝条粗壮，节间短，以短果枝结果为主，果台副梢连续结果能力强，树冠紧凑（图 5-51）。

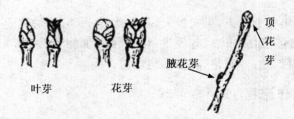

图 5-50　顶花芽与腋花芽

（引自汪景彦等主编《苹果树合理整形修剪图集》，1993 年）

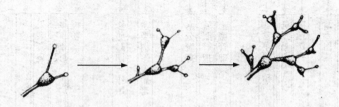

图 5-51　短果枝群

（引自汪景彦等主编《苹果树合理整形修剪图集》，1993 年）

（三）花、果

1.花

寒富苹果花为伞房花序，每花序有花 5～7 朵，花瓣白色，含苞时带粉红色，雄蕊 20 枚，花柱 5 裂，子房下位（图 5-52）。

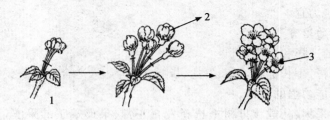

图 5-52　花

1.花序　2.花朵　3.雄蕊

（引自汪景彦等主编《苹果树合理整形修剪图集》，1993 年）

2.果

寒富苹果的果实为仁果,果实较大,品质优异,平均单果重 250 g,最大单果重 915 g。果肉淡黄色,甜酸味浓,有香气,可溶性固形物含量 15.2%。果实阳面片红,套袋可全面着红色。"寒富"苹果果柄短粗。

二、生产操作流程

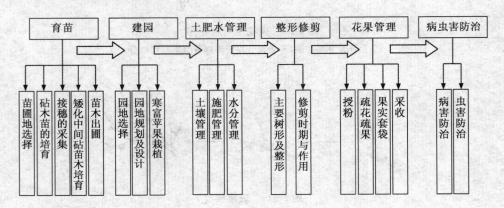

三、生产操作要点

（一）育苗

1.苗圃地选择

无检疫性病虫害和环境污染的地区;交通便利,背风向阳,地势平坦,排水良好,地下水位 1.5 m 以下,有灌水条件的地区;土层深厚、肥沃的沙壤土或壤土为宜,以中性土壤为宜。

2.砧木苗的培育

（1）砧木的选择和采集种子

砧木的选择:生长健壮,根系发达,嫁接亲和力强,适合当地气候和土壤条件,抗病虫和抗寒能力强的树种。

砧木种子采集:从健壮母树上选择发育正常、果形端正的果实,通过堆放、揉搓、漂洗采集种子。种子质量颗粒饱满,充分成熟、新鲜、有光泽,胚和子叶呈乳白色,纯度和净度均在 90% 以上,发芽率在 95% 以上。

（2）种子层积贮藏　先将干种子用温水浸泡 24 h,使种子充分吸收水分再进行层积处理。将充分吸水好的种子与湿沙(沙子湿度以手捏成团而不滴水、松开后立即松散为宜,相对湿度 50%～60%)以 1:（4～5）的比例混合均匀,贮存在 0～

5℃的地方,厚度不超过 40 cm(图 5-53)。沙藏前期每隔 15 天翻动一次,如果沙子失水过多,可洒水并混合均匀。层积天数一般 30～90 天。北方诸省多在春季化冻后立即播种。

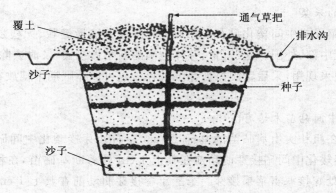

图 5-53　种子层积处理
(引自张开春主编《果树育苗关键技术百问百答》,2005 年)

(3)播种

春播:土壤解冻后,当沙藏种子 30％露白时及时播种,播种前整地深翻 20～30 cm,每亩施有机肥 2 500 kg,整平做垄或做畦,开沟并适量灌水,水下渗后均匀撒播,播种后覆盖 1 cm 厚度细土耙平。垄播行距 60 cm,畦播行距 30 cm。每亩播种量为 1.0～1.5 kg。

穴盘播:选择背风向阳处设塑料小拱棚,以泥炭土、蛭石、珍珠岩按 1∶1∶1 比例混合均匀为基质,每穴播已露白种子 2 粒。育苗期间适时防风,注意喷水。

(4)苗期管理

间苗:在幼苗长到 3～4 片真叶时间苗,去劣存优,间除过密苗。20 天后定苗,株距 5cm 左右。间苗后立即浇水。

移苗:采用直播法时,在幼苗长到 5～7 片真叶时选择阴天或雨天移苗。采用穴盘播种法时,在移苗前 7 天左右选择阴天或下午揭去塑料薄膜,炼苗。移苗前 2～3 天,灌足水,按株距 10～15 cm 带土移栽在苗圃地,立即浇水。

肥水管理:7 月底幼苗喷施尿素液 2～3 次,6—7 月浅施 2 次,每次每亩施 5 kg 左右。施肥后及时浇水。8 月份喷施 0.3％磷酸二氢钾或 10％草木灰浸出液 2～3 次。苗木生长旺盛期,及时中耕除草,灌水和雨后松土。

病虫害防治:立枯病防治喷施或浇灌多菌灵 800 倍、0.2％～0.3％硫酸亚铁溶

液。蚜虫防治生长季树上喷 20％的灭扫利乳油 400 倍、10％多来宝悬浮剂
1 000 倍、20％氰戊菊酯乳油 2 000～3 000 倍、2.5％溴氰菊酯 3 000～5 000 倍,此
外,可利用七星瓢虫、草蛉、蚜茧蜂等进行生物防治。

3.接穗的采集

从寒富苹果或中间矮化砧如 GM256 采穗圃中选择健壮、无检疫病虫害的母
株,采集树冠中部、外围、生长正常、芽体饱满的新梢做接穗,及时去除叶片,保留一
小段叶柄,现采现用,采后置阴凉处保湿贮存。也可以休眠期采穗放在冷库、地窖、
挖沟保湿贮存。

4.矮化中间砧苗木培育

当年秋在粗壮实生基砧苗的基部 15 cm 左右处芽接矮化中间砧(GM256)的
接芽,翌年春矮化中间砧接芽萌动前在其上 1 cm 处剪断基砧苗,在秋季矮化中间
砧上 35 cm 处嫁接寒富苹果接芽。第三年春接芽萌动前在其上 1 cm 处剪断接芽
上的矮化中间砧,秋季即可培育出矮化中间砧寒富苹果苗(图 5-54)。

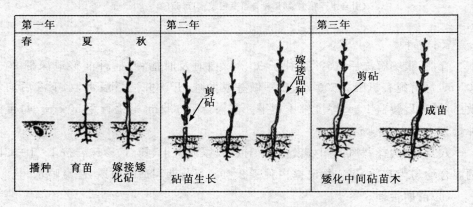

图 5-54　寒富苹果矮化中间砧苗木培育

(引自李怀玉等主编《苹果抗寒新品种及寒地丰产技术》,1996 年)

5.苗木出圃

(1)起苗　一般在秋季苗木落叶后至土壤解冻前起苗。起苗时应注意除去叶
片,保持根系完整。起苗后苗木进行分级。按苗木出圃规格挑选合格苗木。

(2)包装和运输　包装时多将符合规格的单干苗 50～100 株,或圃内正形的果
苗每 25～50 株捆成一捆。每一品种的果苗要拴好品种标记。注意根系保湿以免
运输中变干。

（3）假植 秋天挖出或由外地运入的苗木，如不进行秋季栽植时，在封冻前将苗木假植起来。应选避风、高燥、平坦的地方假植。

（二）建园

1.园地选择

地势要平坦的平地、一般坡度不超过 5°的缓坡地。丘陵地带建园以东南坡、东坡较适宜。山地建园坡度不宜超过 15°并且要背风向阳，若坡度太大，要先将山坡改成梯田形式栽植。黏重土壤、盐碱地建园，应进行土壤改良，特别盐碱地和低洼地要进行台田。建园要交通方便，有水源灌溉条件。

2.园地规划与设计

园地先测出地形，再根据地形划分小区，小区面积因当地所在地区自然条件、园地本身面积大小而定。小区划分后，根据风的方向，确定主林带、副林带、道路系统、建筑物的配置。主路宽一般 5～7 m，支路宽一般 2～4 m。在整个园地规划中，苹果栽培面积应占总面积的 80%～85%、防护林占 5%～10%、道路占 4%，苗圃、建筑物等占 3%，绿地基地占约 3%为宜。

3.寒富苹果栽植

（1）授粉品种选择和配置

授粉品种选择：新建寒富苹果园应选择宁丰、宁酥、沈红等花期相同的优良品种作为授粉品种。

合理配置授粉树：通常授粉树和主栽品种比例 1：（4～5）。如果是已建成的 1～3 年生新果园没有配置授粉树，要按比例补栽授粉树大苗。4～10 年生的寒富果园没有配置授粉树，可用高接的方式补接授粉枝。

（2）人工辅助授粉

人工点授：可用毛笔、软橡皮等用具进行。点授时每蘸一次花粉可授 5～10 朵，每花序点授 1～2 朵。

机械喷粉和喷雾：用农用喷粉器和喷雾器进行。

（3）栽植技术

栽植密度：乔化栽植株行距为 3 m×4 m，矮砧栽植的 2.5 m×4 m，南北成行。

栽植时期：北方秋季落叶后至早春萌芽前栽植为宜。

栽植前定植穴的准备：前一年秋天，7—8 月份，按株行距挖直径 1 m、深 80 cm 的定植穴，如果是山坡地，应先修梯田再挖定植穴，也可以挖 1 m 宽的定植沟。挖穴时应将表土与心土分开堆放。挖好后施足基肥，即栽植穴内施入 50 kg 左右的腐熟农家肥并与土壤充分混合，再回填熟土厚 10 cm，同时放入杀虫药剂（地虫克、

10％甲拌锌粒状剂等)，兑土 10～15 倍,100 g 毒土/株,防治地下害虫(蛴螬等)危害根系。填满栽植穴,将心土均匀撒在表面(图 5-55)。

心土　表土　有机肥　玉米秸　70~80 cm

挖栽植穴　回填

|←80~100 cm→|

图 5-55　挖栽植穴与回填
(引自李怀玉等主编《寒富苹果》,2009 年)

栽植方法:第二年早春栽植。栽植时苗木放在坑中间,一人覆土一人扶苗,覆土到接口与地面保持一平(图 5-56),提苗踩实,修好树盘,然后灌足水,待2～3 天,将地面整平后用 1 m² 地膜覆盖地面,以利保湿增温和提高苗木成活率。

栽后管理:栽后定干,定干高度 80 cm,剪口处用愈合剂封住。为保护好整形带幼芽不受害虫侵食,采用主干带塑料帽(距地面 25 cm 处)和整形带套塑料薄膜筒(直径 2 cm、长 100 cm)的方法,为保证幼树正常发芽,在幼树展叶时,对塑料薄膜筒进行破孔放风,逐渐适应外部环境后,将筒摘出。风大地区应为幼树设支柱以防风吹折断新梢。

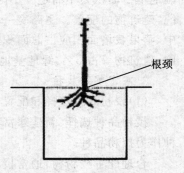

根颈

图 5-56　苹果栽植深度
(引自李怀玉等主编《寒富苹果》,2009 年)

(三)土肥水管理

1. 土壤管理

(1)深翻扩穴、放树窝子改良土壤　幼龄果园在春、夏、秋三季均可进行,但以7、8 月雨季最为好。夏季可结合埋压绿肥进行深翻改土。开沟深 50～60 cm,宽60～80 cm。挖沟时注意尽量少伤 0.5 cm 以上粗根。表土、心土分开放置,捡净石块,每株沟底施 10～15 cm 厚的有机物、树叶杂草等,回填部分表土。再将腐熟的优质农家肥与 1 kg 过磷酸石灰拌匀后分层施入。

(2)果园覆草　在 4 月初至 4 月末进行。覆草材料可以用麦秸、稻草、玉米秸、干草等。把覆盖物覆盖在树下,每亩 1 200 kg 左右,厚度 10～15 cm。上面压少量土,连覆 3～4 年,每年递增 500 kg,隔行浅翻一次。

(3)生草法 在 4 月初至 5 月初,种植绿肥和行间生草,早春播种绿肥作物如草木犀、木犀草、三叶草等多年生草本植物,每年 6 月和 9 月割草埋压 2 次。

(4)合理间作 幼树期在行间间作矮棵作物如覆地膜花生、大豆及矮生药材等。

2.施肥管理

(1)施肥时期及施肥量 秋施基肥,宜早不宜晚,最好在 8 月下旬至 9 月上旬进行。施肥量,2～4 年生幼树每株施优质腐熟农肥 30～50 kg;5～10 年生结果树每株施肥 50～100 kg。可以混入 0.5～1 kg 过磷酸钙。

果树萌芽期追肥:花前 4 月中旬进行,以氮肥为主。如 2～5 年生树在萌芽前,每株追尿素 0.15～0.25 kg,6～10 年生树逐年增加 0.25～0.5 kg,多点穴施。

花芽分化及果实膨大期追肥:6 月份进行,以氮、磷、钾配合施用。果实生长后期追肥,9 月份进行,以磷、钾为主。

秋梢停长期追肥:9 月下旬进行,也是果树生长期根部追肥。此期以氮肥为主,配合施用磷钾肥。按氮、磷、钾为 2∶1∶2 的比例施入化肥。施肥量按每生产 100 kg 苹果,需施纯氮 1.0 kg,磷(P_2O_5)0.5 kg,钾(K_2O)1.0 kg 计算。每年追施 2～3 次。

根外追肥,结合喷药进行,全年 4～6 次,一般果树生长前期喷 0.3%尿素 2～3 次,后期(7—9 月份)喷 0.3%磷酸二氢钾 2～3 次。

(2)施肥方法(图 5-57 和图 5-58)

环状施肥(轮状施肥):在树冠外围稍远处挖一环状沟,沟宽 30～50 cm,深 20～40 cm,把肥料施入沟中,与土壤混合后覆盖。此法具有操作简便、经济用肥等优点,适于幼苗使用。但挖沟时易切断水平根,且施肥范围较小,易使根系上浮分布表土。

放射状沟施:在树冠下,距主干 1 m 以外处,顺水平根生长方向放射状挖 5～8 条施肥沟,宽 30～50 cm,深 20～40 cm,将肥施入。为减少大根被切断,应内浅外深。可隔年或隔次更换位置,并逐年扩大施肥面积,以扩大根系吸收范围。

条沟施肥:是树冠投影线外围内外,挖宽 20～30 cm,深 30 cm 的条状沟。将肥施入,也可结合深翻进行。每年更换位置。此法适宜于宽行密株栽培的果园采用,便于机械化。

穴状施肥:是树冠投影线外围,每隔 50 cm 左右环状挖穴 3～5 个直径 30 cm

左右,深 20～30 cm。此法多用于追肥,如施液态氮、磷、钾肥或人粪尿、沼气肥液等,以减少与土壤接触面,免于土壤固定。

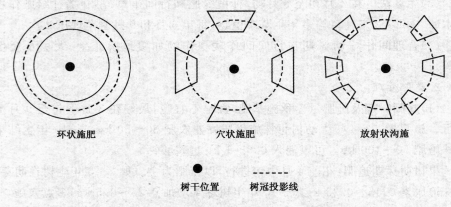

环状施肥　　　　　　　穴状施肥　　　　　　放射状沟施

● 树干位置　　------ 树冠投影线

图 5-57　施肥方法示意图

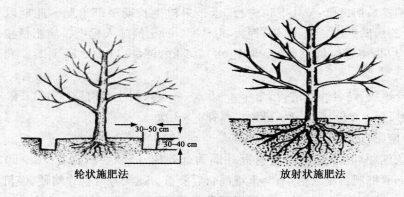

30～50 cm
30～40 cm

轮状施肥法　　　　　　　　放射状施肥法

图 5-58　施肥方法

（引自李怀玉等主编《苹果抗寒新品种及寒地丰产技术》,1996 年）

3. 水分管理

（1）灌水　可采用树盘灌水、开沟灌水和滴管灌水等方法。

发芽前后到开花期灌水:在萌芽后至开花前进行,即 3 月下旬或 4 月初萌动前,灌解冻水,如果春季干旱,花前 1 周灌水。

新梢生长和幼果膨大期灌水:花后 3 周内进行灌水。此期正是苹果树需水临界期。即 5 月上旬至 6 月上旬,应灌一次透水。

果实迅速膨大期灌水:7月下旬至8月初灌水,结合早秋施肥进行灌水。此时气温高,蒸发量大,如少雨则应及时灌溉,为果实丰产奠定基础。

土壤结冻前灌封冻水:采收后灌封冻水,结合施肥。于土壤结冻前,最好选在夜晚结冻、日出后化冻的时期,给苹果树浇封冻水。如果秋雨充足,也可不浇水。注意土壤封冻前平整一次土地。

灌水量:以浸透根系分布范围的土壤为宜,渗透深度一般不应少于80 cm。注意每次灌水后,要及时松土封沟,以利保墒抗旱。

(2)排水 7—8月雨季低洼易涝地下水位高的果园,或降雨量过大已积水的果园要注意排水,除栽树时可以采用台田栽植外,也可行间挖沟排水。

(四)整形修剪

1.树形及整形

(1)小冠疏层形 树高2.5~4 m,冠幅3~4 m,干高50~60 cm,全树5~6个主枝,分两层,第一层3个主枝,每个主枝着生1~2个小侧枝,层间距离80 cm左右。第二层留2~3个主枝,主枝上不留侧枝,只留大、中、小型结果枝组。这种树形,在乔砧寒富上应用多(图5-59和图5-60)。

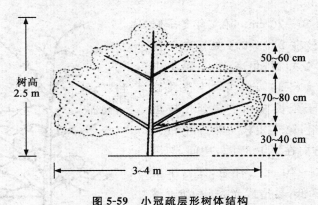

图5-59 小冠疏层形树体结构

(引自汪景彦等主编《苹果树合理整形修剪图集》,1993年)

(2)纺锤形 树高2~3 m,冠幅2.5~3 m,干高40~50 cm。中心干上,均匀着生8~12个主枝,不分层次,主枝间距15~20 cm,平层延伸均匀向四周分布,互相插孔生长。下层主枝1~1.5 m,上层依次递减(图5-61)。

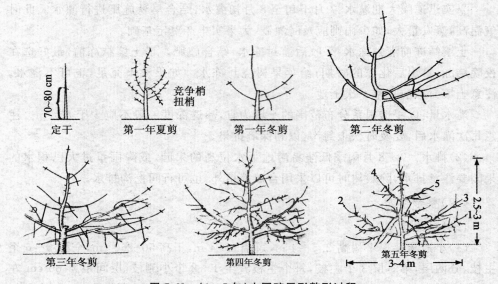

图 5-60　(1～5 年)小冠疏层形整形过程

(引自汪景彦等主编《苹果树合理整形修剪图集》,1993 年)

定干高度为 60～70 cm。第 2 年冬季修剪,中心干延长枝在 2/3～3/4 处短截。在主枝延长枝 1/4 处短截,角度 120°,第 1 主枝距地面高度为 40～50 cm。第 3 年冬季修剪,继续对中心干延长枝和主枝延长枝短截,培养结果枝组,第 3 主枝与第 2 主枝为 120°,第 4 主枝方向在第 1、3 主枝中间,与第 1 层的距离为 30～40 cm。注意,寒富苹果成枝率高、萌芽率低,易造成光秃,不利于整形。第 4～5 年冬季修剪,中心干延长枝继续在 2/3～3/4 处短截,高度控制在 2～3 m。第 4 年选 2～3 个主枝,第 5 年选 2 个主枝后,树高为 2～3 m 处落头,主枝在 8～12 个(图 5-62)。

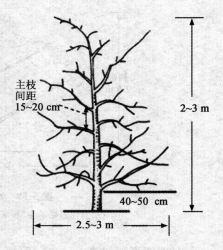

图 5-61　纺锤形树体结构

(引自汪景彦等主编《苹果树合理整形修剪图集》,1993 年)

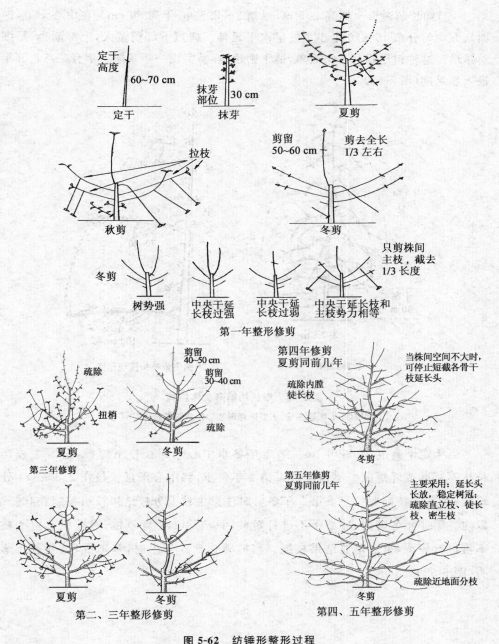

图 5-62　纺锤形整形过程

（引自汪景彦等主编《苹果树合理整形修剪图集》，1993 年）

（3）细长纺锤形　树高 2.5 m，冠幅 2～2.5 m，干高 50 cm。在中心干上，四面八方均匀分布 15～20 个小主枝呈水平延伸。树冠下部稍宽大，上部渐小，呈细纺锤形。这种树形修剪方法简单，适于密植，容易实现一年栽树二年有花，四、五年进入盛果期（图 5-63）。

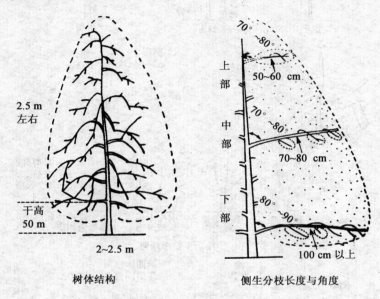

图 5-63　细长纺锤形树体结构

（引自汪景彦等主编《苹果树合理整形修剪图集》，1993 年）

当年定干高度 70～90 cm。第 1 年冬季中心干延长枝不短截，选留主枝延长枝不短截或轻短截。不留侧枝。第 2 年冬季，将中心干延长枝在 2/3～3/4 处短截，所有主枝都要拉平。第 3 年冬剪时注意主枝上分枝结果枝组控制在 40 cm 以内。第 4 年冬剪时，中心干不进行短截，只疏除 2、3 竞争枝，对全树选留主枝不再进行短截，重点培养结果枝组。当树龄达到 5 年生时，基本成形，要进行落头（图 5-64）。

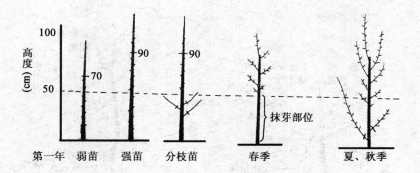

第一年修剪

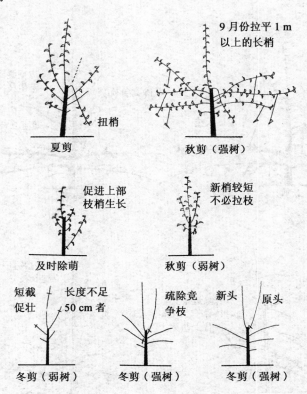

第二年修剪

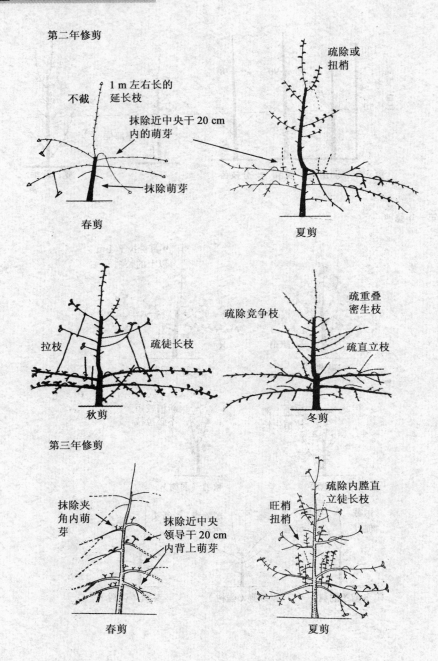

不截
1 m 左右长的
延长枝

抹除近中央干 20 cm
内的萌芽

抹除萌芽

春剪

疏除或
扭梢

夏剪

拉枝
疏除竞争枝

疏徒长枝
疏重叠
密生枝

疏直立枝

秋剪

冬剪

第三年修剪

抹除夹
角内萌
芽

抹除近中央
领导干 20 cm
内背上萌芽

春剪

疏除内膛直
立徒长枝

旺梢
扭梢

夏剪

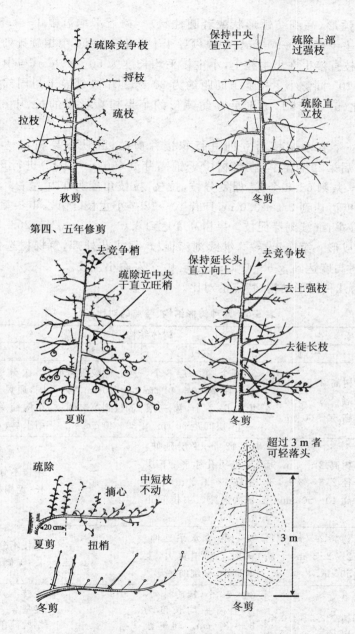

图 5-64　细长纺锤形整形过程

（引自汪景彦等主编《苹果树合理整形修剪图集》,1993 年）

（4）高纺锤形（高细纺锤形状或者圆柱状）　树冠平均冠幅 $1\sim1.5\ m$，树高 $3.5\sim4.0\ m$，主干高 $80\sim90\ cm$。中央领导干上着生 $30\sim50$ 个螺旋排列的小临时性主枝，结果枝直接生在小主枝上，小主枝平均长度为 $50\sim80\ cm$，与中央干的平均夹角约为 $110°$，同侧小主枝上下间距约为 $20\ cm$。中央领导干与同部位的主枝基部粗度之比 $(5\sim7):1$，成形后高纺锤形的苹果树在秋季的长、中、短枝比例 $1:1:8$。

栽植第一年春季定植后立即进行嫁接并剪砧，到秋季果树可达到 $1.8\sim2.0\ m$。栽植后第二年春季，在果树中干饱满芽处（$80\ cm$ 以上）进行刻芽，间隔 3 个芽刻一个，共刻 $6\sim8$ 个芽，促发分枝，拉枝，拉枝角度为 $110°$左右。到秋季落叶时，果树高度可达到 $2.5\sim3.0\ m$，具有 $10\sim12$ 个小主枝。第二年冬季不进行修剪。第三年春季，继续刻芽促枝。果树高度达到 $3.0\sim3.5\ m$，具有 $25\sim30$ 个小主枝，果树初步成形。第四年春季，继续刻芽促枝，促成花处理，每棵树选留 $20\sim30$ 个果子。果树高度达到 $3.5\sim4.0\ m$，具有 40 个左右小主枝。

表 5-6 为几种树形结构、特点的对比。

表 5-6　几种树形结构、特点的对比

树形	树体结构			
	树冠	主枝	侧枝	特点
小冠疏层形	树高 $2.5\sim4\ m$，冠径 $3\sim4\ m$，干高 $50\sim60\ cm$。	$5\sim6$ 个：第一层 3 个，层内距离 $30\sim40\ cm$，第二层 2 个，第三层一个，层间距 $80\ cm$。	第一侧枝距树干 $40\sim50\ cm$，第一侧枝到第二侧枝 $30\sim40\ cm$。	层次分明；骨架牢固，通风透光良好；结构简单，成形快，结果早，宜丰产。
纺锤形	树高 $2\sim3\ m$，冠径 $2.5\sim3\ m$，干高 $40\sim50\ cm$。	$8\sim12$ 个，平层延伸，互相插孔生长；下层主枝 $1\sim1.5\ m$，上层依次递减。主枝间距 $15\sim20\ cm$。	无	主枝不分层，上短下长；无侧枝。
细长纺锤形	树高 $2.5\ m$，冠径 $2\sim2.5\ m$，干高 $50\ cm$。	$15\sim20$ 个水平延伸。树冠下部稍宽大，上部渐小，呈细长纺锤形。	无	主枝不分层，上短下长；无侧枝。
高纺锤形	树高 $3.5\sim4.0\ m$，冠径 $1\sim1.5\ m$，干高 $80\sim90\ cm$。	$30\sim50$ 个，螺旋排列，小主枝平均长度为 $50\sim80\ cm$。同侧小主枝间距 $20\ cm$。高纺锤形长、中、短枝比例 $1:1:8$。	无	主枝不分层，上下长度基本一致；无侧枝；结构简单、技术易掌握、管理方便、节省劳动力；适宜矮砧集约高效栽培模式。

2.修剪时期与作用

(1)修剪时期、方法

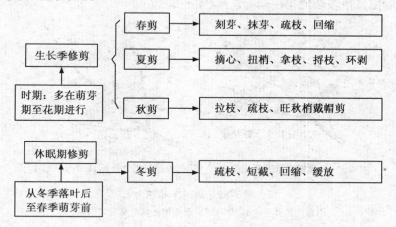

(2)修剪时应注意的问题　冬剪时,注意及时调整结果树的树体结构,即要形成骨干枝的角度,主枝角度保持 70°～80°,同时,疏除过密的大枝、密生枝、徒长枝、细弱枝和多余的梢头枝。

防止侧枝邻接或轮生重叠,侧枝间距应大于 40 cm,否则疏除。主枝头要中度短截,培养健壮的延长枝。

防止偏冠、防止光秃。在主干、侧枝光秃或缺枝处进行目伤(刻伤)。

(五)花果管理

1.授粉

昆虫授粉:在开花前 3～5 天开始放蜂,每亩投放量 100 头左右,投放时,在果园行间每方圆 26～30 m 设置一巢箱(距离地面 33 cm),并在巢箱前挖一个长宽40 cm 的水坑,保持土壤湿润,供蜂衔泥筑巢。果树落花后 5～7 天,将巢箱收回,放入尼龙纱袋内,在清洁通风室内保存,使幼蜂在茧内形成安全休眠,翌年再用。注意放蜂前 10～15 天避免在授粉果园内及紧临地块喷洒农药。

人工授粉:采集花粉,授粉品种,新红星、嘎啦、金冠等中采集花粉;人工点授,于寒富的盛花初期,在花开放的当天或次日,用授粉器(气门芯或毛笔)蘸取花粉,授于雌蕊柱头上。每花序只授中心花。授粉时注意开一批花授一次粉,连续授粉2～3 次。也可利用喷雾器于盛花期进行喷粉,或将花粉配成悬浮液进行液体授粉。

2. 疏花疏果

(1)疏花　从花序伸出期开始,依据花量进行,间隔 15～20 cm,选留一个粗壮花序,然后把其他多余的花序全部疏除(图 5-65)。

去掉延长头上腋花芽
只疏极少量的腋花芽

去掉延长头周围的花序
去掉弱头上的花(1~3 年生枝)

图 5-65　疏花序和花

(引自汪景彦等主编《苹果树合理整形修剪图集》,1993 年)

(2)疏果　落花后 10 天开始疏果,落花后 26 天内结束。即第 2 次生理落果后,5 月下旬至 6 月上旬。一般按枝距离 20～25 cm 留成单果,然后把多余的幼果全部疏除。疏果时应选留果形端正的中心果,多留中长果枝和下垂枝的果,少留侧向生长的果和腋花芽果,及早疏除边果、病虫果、小果和畸形果(图 5-66)。

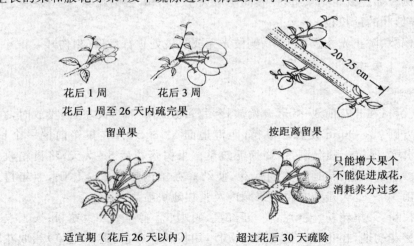

花后 1 周　　花后 3 周
花后 1 周至 26 天内疏完果

留单果

20~25 cm

按距离留果

适宜期(花后 26 天以内)

只能增大果个
不能促进成花,
消耗养分过多

超过花后 30 天疏除

疏果适宜期

图 5-66　疏果

(引自汪景彦等主编《苹果树合理整形修剪图集》,1993 年)

3.果实套袋

（1）套袋时间 套袋过早易产生日灼病，套袋时期过晚，往往影响了果面的光洁度，果点较大且较明显，降低了套袋的效果，也影响了套袋果的效益。根据实际情况，一般在 6 月 15 日至 7 月初为宜。

（2）套袋方法 套袋前 3～5 天前要先打一遍防治桃小食心虫、红蜘蛛和防治果实轮纹病、炭疽病、斑点病的药剂。全树套袋要按顺序进行。套袋具体操作（图5-67）。

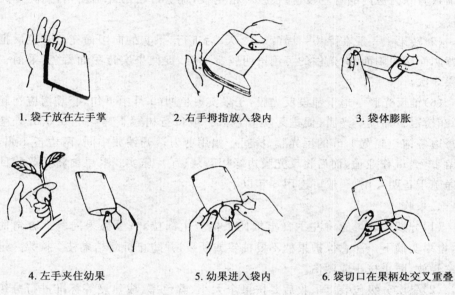

1. 袋子放在左手掌   2. 右手拇指放入袋内   3. 袋体膨胀

4. 左手夹住幼果   5. 幼果进入袋内   6. 袋切口在果柄处交叉重叠

7. 袋一侧向袋切口处折叠   8. 另一侧边向袋切口折叠   9. 捆扎丝扎在折叠处

图 5-67 套袋步骤

（引自汪晶等主编《林果生产技术》，2002 年）

（3）摘袋方法　摘袋时间为 9 月 15 日左右（果实采收前 20 天），先去外袋 3～5 天后，再去内袋着色管理。具体操作：为了防止日灼，先撕开双层袋的外层；单层袋的先撕开一个角。使袋内果实透风、降温，3～5 天后再把全袋摘下。如果需要贴字，可在双层袋全部摘除后立即把"字"贴在果实向阳面上。待果实采收后把"字"揭下来。套塑料袋的不必摘袋，可带袋采收、装箱。

（4）摘叶　于采收前 7～8 天，摘叶，先摘除果实周围 5～10 cm 范围的叶片，同时细致剪除树冠内的直立枝、徒长枝和密生枝，疏剪过密的外围新梢，摘除遮光的叶片。

（5）转果　一般在除袋一周（7～10 天）后进行，果实的向阳面充分着色后把果实背阴面转向阳面，有条件的可用透明胶带固定，促使果实背阴面着色，采前一般转果 3 次。

（6）铺反光膜　地下铺设反光膜，于果实着色期（9 月中下旬，套袋树应在除袋后）在树冠下铺设反光膜，促进果实着色。一般每行树冠下离主干 0.5 m 处南北向每边各铺一幅宽 1 m 的反光膜，株间一幅用剪刀裁开铺放中间，两边各 1 幅，行间留 1～2 m 作业道，而后将反光膜边缘用石块、瓦片压实。采果前将反光膜回收洗净晾干备明年用，一般可连用 3 年以上。

4. 采收

（1）分期采收　应将左手食指抵住果柄着生部位，右手握果向斜上方弯曲上举，将果实摘下。注意保护果柄不要抽签或断裂，并防止折断结果枝。摘果一定要轻拿轻放，防止挤压或刺伤。

（2）果实分级包装　采收后要按果个大小、着色率、成熟度等标准进行分级包装。有条件的还须经过机械清洗、上光打蜡；逐个套网，按个数或重量装箱、封箱、贴标签。贮藏、运输。

（六）病虫害防治

1. 病害防治

（1）苹果腐烂病　把病斑彻底刮除，周围刮去 0.5～1 cm 好皮，刮成梭形立茬。刮除病疤后，可用 10 波美度石硫合剂、果康宝、梧宁霉素进行消毒。也可以进行桥接。

（2）苦痘病　多施钙肥石灰、过磷酸钙、钙镁磷肥，结合叶面追肥，用进口瑞恩钙 200 倍，国产绿云氨钙宝 600 倍。也可以用 3% 氯化钙、硝酸钙浸果防治苦痘病。也采用栽培措施，翻树盘，施有机肥、合理灌水，控制产量，防止单果过大有利防治苦痘病的发生。

2.虫害防治

(1)桃小食心虫　5月下旬至6月上旬成虫出现前利用桃小性诱剂,诱捕器进行虫情测报,连续诱到成虫并且头数剧增时进行树上第1次喷药,30%桃小灵乳剂1 000倍液,25%灭幼脲3号胶悬剂1 000倍液,52%农地乐2 000倍,36%赛丹1 000倍。

(2)红蜘蛛　萌动前用3~5波美度石硫合剂,25%三唑锡1 500倍,花后用2%天达阿维4 000倍(红白混合发生防治效果也不错);寒富落花后2周内用0.3波美度石硫合剂杀卵,6—8月进行防治。

(3)苹果小卷叶蛾　花前喷48%乐斯本,花后喷52%农地乐2 000倍,利用赤眼蜂进行生物防治,利用糖醋酒液、黑光灯防治。

● **复习思考题**

一、填空题

1.将一年生枝剪去一部分称为(　　　　　)根据剪截程度可分为(　　　　　)、(　　　　　)、(　　　　)和(　　　　)四种。

2.苹果为(　　　　)花序(　　　　)先开。梨的花序为(　　　　)花序(　　　　)花先开。

3.不同品种的花相互传粉称(　　　　)授粉,苹果树需(　　　　)授粉,才能提高结实率。

4.苹果以(　　　　)花芽结果为主,也有少数品种具有(　　　　)花芽结果习性。

5.苹果园土壤施肥方法有(　　　　)、(　　　　)、(　　　　)、(　　　　)等。

6.成龄苹果园土壤管理的方法有(　　　　)、(　　　　)、(　　　　)、免耕法、清耕覆盖法。

二、选择题

1.下列树种中,具有混合花芽的树种有(　　　　)。

A.苹果　　　B.杏　　　C.桃　　　D.樱桃

2.下列树种中,多选用纺锤形树形结构的是(　　　　)。

A.苹果　　　B.樱桃　　　C.李　　　D.核桃

3.苹果树砧木有(　　　　)。

A.毛桃　　　B.山桃　　　C.山杏　　　D.山顶子

4.下列哪些果树枝条的顶芽可能为花芽( )。

A.桃　　　　B.苹果　　　　C.葡萄　　　　D.樱桃

5.下列花序类型中属于苹果花序的是( )。

A.伞房花序　　　B.圆锥花序　　　C.伞形花序　　　D.荟萸花序

6.苹果树骨干枝延长头在冬季修剪时常采用( )。

A.疏枝　　　B.重短截　　　C.回缩　　　D.中短截　　　E缓放

7.我国苹果生产上应用较多的矮化中间砧为( )。

A.山定子　　　B.西府海棠　　　C. M26　　　D.楸子

三、判断题

1.新红星、首红、超红、艳红为元帅系短枝型品种。( )

2.结果枝是指具有花芽而能开花结果的枝条。( )

3.种子的休眠是指具有生命活力的种子即使吸水并处于适宜的温度和通气条件下也不能发芽的现象。( )

4.在对苹果树进行冬季修剪时发现许多密生枝,影响来年的受光条件,所以,应适当疏枝。( )

5.果实套袋一般在疏果后进行,在当地主要蛀果害虫进果以前完成。( )

6.采集接穗时应采用树冠外围的发育枝。( )

7.疏果时,通常苹果的侧果比中心果发育好,个头整齐,个头较大,故留侧果。( )

8.层积处理时沙的湿度以手握成团,一触即散,无多余水分下滴为度。( )

9.嫁接后完全塑料薄膜包严是为了固定。( )

四、问答题

1.简述寒富苹果小冠疏层形的基本结构特点。

2.简述寒富苹果纺锤形基本结构特点及其整形修剪要点。

3.简述寒富苹果细纺锤形基本结构特点及其整形修剪要点。

4.寒富苹果生长季修剪都包括哪些内容?

5.说明寒富苹果的追肥时期。

6.寒富苹果的施肥有几种方法?

7.简述寒富苹果疏花疏果技术要点。

8.简述寒富苹果套袋技术要点。

9.简述寒富苹果摘袋技术要点。

10.如何防治寒富苹果腐烂病?

11. 如何防治桃小食心虫？

12. 果实套袋有什么作用？

13. 简述寒富苹果定植后管理。

14. 苗木假植要注意哪些问题？

15. 简述人工点授法授粉技术。

任务四　红南果梨生产

【知识目标】

　　了解红南果梨的形态特征、结果习性、建园规划设计方法；掌握施肥时期、施肥方法和施肥量、苗木培育技术要点及操作方法；熟悉灌水时期、灌水方法和灌水量、整形修剪的基本原理。

【能力目标】

　　掌握红南果梨的生产流程；能解决红南果梨整形修剪中存在的问题；能有效防治主要病虫害。

【知识准备】

　　1. 红南果梨来源

　　红南果梨是辽宁省抚顺特产科学研究所从 1989 年开始研究选育的。1996 年命名为红南果梨，并进行大面积推广试栽，证明了性状稳定、适应区域广泛的新品种。红南果梨是普通南国梨的芽变后代，其形态特点及生长习性较普通红南国梨发生某些变异，但也存在很多相似地方。也属于秋子梨系统优良品种之一。

　　2. 修剪

　　生长季修剪可促生侧枝和平斜枝，缓和树势，抑制营养生长，促进生殖生长，有利于红南果梨花芽的形成和提高果品质量；冬季修剪，根据红南果梨萌芽力中、成枝力较低、易成花特点，为促发新枝，调节营养生长与生殖生长的关系，采用短截、疏枝、回缩、甩放四种方法。

【学习内容】

一、形态特征

(一)根系

1.根系结构

实际是砧木山梨或杜梨的根系。由骨干根(主、侧根)和须根组成。根系较浅,成层分布。一般垂直分布深 2～3 m,水平分布为冠幅的 2 倍左右。分布深度,多集中在表土层以下 20～60 cm 的范围。80 cm 以下根系稀少。愈靠近主干根系愈密,愈远则愈稀。

2.根系年生长规律

根系没有自然休眠,但北方因气候条件有被迫休眠。梨树根系生长一般每年有两次生长高峰,第一次高峰在春季萌芽以前根系即开始活动,到新梢转入缓慢生长以后,根系生长明显增强,新梢停止生长后,根系生长最快,形成的生长高峰期。此次生长发根多,时间短。第二次高峰是从新梢将近停止生长开始,到采果前,即秋季 9 月末至 10 月根系生长又转强,出现又一次生长高峰。此次发生的根系寿命长,含营养物质多。

(二)芽、叶、枝

1.芽

叶芽细长,圆锥形,锐尖。花芽较叶芽粗大饱满。枝条先端芽多贴附着生,下部芽褥凸起,侧芽为明显离生。

2.叶片

长卵圆形,叶端急尖,中大,叶面平整光滑,叶缘具刺毛状锯齿,较规则。叶色浓绿,富有光泽。成熟叶片,叶脉红色或暗红色。

3.枝

幼树枝条灰褐色,皮孔较稀疏。成年树树干呈暗灰褐色,常龟裂。树势中庸,易开张。萌芽力中等,成枝力强。

(三)花、果

1.花

花芽为混合芽,属伞房花序。开花时,边花先开中心花后开。花蕾期为淡红色,开花期为粉红色,盛花期为白色。

2.果

果实近圆形,果型指数为 0.9 果实中大,平均果重 111.4 g,最大果重 180 g。

果实阳面鲜红色,覆盖面达 65%～70%,果面平滑富有光泽,果点较大而密,果实耐贮性强。

二、生产操作流程

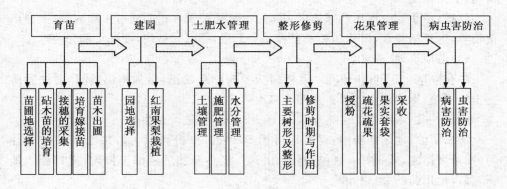

三、生产操作要点

(一)育苗

1.苗圃地选择

苗地要选择在交通方便,无霜期长,土质肥沃,有灌水条件,地势平坦的壤土,pH 5.6～6.3,无检疫对象的地。

2.砧木苗的培育

(1)砧木的选择和采集种子

砧木的选择:生长健壮,根系发达,嫁接亲和力强,适合当地气候和土壤条件,抗病虫和抗寒能力强的树种。

砧木种子采集:在 9—10 月份从健壮母树上采集发育正常、果形端正的果实,通过堆放、揉搓、漂洗取出种子放在通风阴凉处晾干。选择颗粒饱满,充分成熟、有光泽,无霉味,胚和子叶呈乳白色,不透明,有弹性的种子。纯度和净度均在 90% 以上,发芽率在 95% 以上。

(2)种子贮藏 先将干种子浸水 2 h,然后放在室温 10℃左右室内用麻袋盖在种子袋上,使种子充分吸收水分再进行层积处理。将充分吸水好的种子与湿沙(沙子湿度以手捏成团而不滴水、松开后立即松散为宜)以 1:(4～5)的比例混合均匀,贮存在 0～5℃的地方,厚度不超过 60 cm,等土壤解冻 30 cm 深时播种。

（3）播种

春播：土壤解冻后，将已生理成熟的种子筛去河沙，用 500 倍甲基托布津拌种，防治立枯病和猝倒病。在秋季做好的垄沟上开沟，沟深 1～1.5 cm，种子均匀撒在沟内，上面覆土 1.5 cm 左右。每亩播种量为 4 kg 左右。

秋播：冬季较短而不严寒地区多采用。秋播种子在田间通过生理成熟，翌春出苗较早，生长期较长，但秋播种子早春易受低温，易患立枯病，损失大部分苗木。

（4）苗期管理

中耕除草：当子叶破土至 4 片叶时应及时除草松土，增加地温，操作时注意防止土块压苗，影响幼苗生长。苗期可多次中耕除草。

施肥：在进入雨季前亩施硫酸铵 15～25 kg，促进幼苗生长。

病虫防治：地老虎防治，每亩地可用 6％敌百虫粉剂 500 g，加土 25 000 g 拌匀，在苗圃撒施，效果好。蝼蛄防治，用 50％氯丹粉加适量细土拌匀，随即翻入地下，每亩地用药约 2 500 g。

3. 接穗的采集

从红南果梨母本树上选择品种纯正，树势健壮，芽子饱满，木质化程度高，无病斑，没封顶的枝条做接穗。及时去除叶片，保留一小段叶柄，现采现用，采后置阴凉处保湿贮存。也可以休眠期采穗放在冷库、地窖、挖沟保湿贮存。

4. 培育嫁接苗

（1）嫁接　常采用嵌芽接（带木质部芽接）法，砧木树液开始流动、芽鳞片刚刚露白至 5 月末进行。注意嫁接期不能过晚，因错过枝条第一次生长高峰，影响成苗的高度。

（2）嫁接后管理　距上接口 0.5 cm 处剪砧并及时抹除砧木上的萌蘗。当植株生长达 50 cm 即 6 月下旬，解绑，以利嫁接苗的加粗生长。

5. 苗木出圃

（1）起苗　在秋季苗木叶片脱落至树液回流后即可起苗。起苗时应注意保护根系，避免损伤过重，如土壤干旱，应事先浇水，隔 2～3 天以后再起苗，起苗后应进行轻度修剪，随起苗随分级。按苗木出圃规格挑选合格苗木。

（2）包装和运输　包装时按 20～30 株为一捆，挂上标签，记明品种，级别等。注意根系保湿以免运输中变干。

（3）假植　秋天挖出或由外地运入的苗木，如不进行秋季栽植时，在封冻前将苗木假植起来。应选避风、高燥、平坦的地方假植。

（二）建园

1.园地选择

果园选在远离交通干线、城市和各种污染源的地块。土层深厚、肥沃、地势平坦、坡度不超过 5°的缓坡地。山地建园坡度不宜超过 15°并且要背风向阳，若坡度太大，要先将山坡改成梯田形式栽植。灌溉以地下水为主，无污染。

2.红南果梨栽植

（1）授粉品种选择和配置　选择苹香梨、秋白梨、苹果梨等花期相同的优良品种作为授粉品种。合理配置授粉树，授粉树和主栽品种比例 1∶（4～5）较为合适，最大距离不超过 30 m。采取每隔 3～4 行栽植 1～2 行授粉树。

（2）人工辅助授粉

人工点授：可用毛笔、软橡皮等用具点授。每蘸一次花粉可授 5～10 朵，每花序点授 2～3 朵。

机械喷粉和喷雾：用农用喷粉器和喷雾器均匀喷布在花序上。

（3）栽植技术

栽植密度：采用纺锤形株行距为 3 m×4 m，每亩栽植 55 株，采用扇形株行距为 1 m×5 m，每亩栽植 133 株。

栽植时期：秋栽在苗木落叶后或土壤结冻前 20～30 天进行，春栽宜在土壤完全结冻至苗木萌芽前进行。

栽植前定植穴的准备：挖宽 1 m，深 0.6 m 的条沟，生土与熟土分开放置，每亩施腐熟的土杂肥或动物粪 5 000 kg，回填时先将生土填入沟底，当填至距地面 20 cm 时，再将熟土和腐熟的土杂肥或动物粪拌匀回填，然后灌水沉实待栽。

栽植方法：根据株行距，在浇水沉实后的沟中心挖出 35 cm 见方小坑，放入苗木，使根系伸展开，行株对齐。埋土至苗木基部在苗圃中原来留下的土印处，并随埋土随时轻轻地提苗，使根土密接，最后将另 1 份底土覆在表面。栽苗时注意，土沉实后根颈与地面相平。

栽后管理：栽后立即浇水定干，干高 60 cm，然后覆盖地膜和树干套袋，既防虫又促进侧芽萌发，提高成活率；萌芽展叶时撤袋，夏季及时除草、防治病虫害；当新梢长至 5～10 cm 时，将栽植时的土堆散开，修成内径为 0.8 m 的树盘，以备旱时浇水；红南果梨很少有 2 次生长，当年新梢 6 月中下旬就停止生长，在新梢停止生长前对树苗进行 2～3 次叶面喷肥，以氮肥为主；加强草害控制和除萌，20 cm 以下的萌蘖及时除掉。

（三）土肥水管理

1．土壤管理

（1）深翻改土　幼树定植后，从定植穴外缘开始，每年秋季结合秋施基肥向外深翻深度 0.6～0.8 m，宽度 0.8 m 的环状沟，土壤回填混以有机肥，使表土放在底层，底土放在上层，然后灌足水，使根土密接。

（2）果园间作　幼年梨园行间提倡间作花生、大豆、西瓜、萝卜、大蒜等作物，改善梨园小气候，增加单位面积的经济收入。

（3）中耕与覆草　果园生长季节降雨或灌水后及时中耕松土，保持土壤疏松无杂草，中耕深度 5～10 cm。梨园在春季施肥、灌水后进行覆草。通常用作物秸秆或杂草等覆盖在树盘下，厚度 10～15 cm，上压少量土，连覆 3～4 年后，浅翻一次。

2．施肥管理

（1）施肥时期及施肥量

施基肥：秋季果实采收后施入，每年 8—9 月份，以有机肥为主。幼树施腐熟的土杂肥 25～50 kg/株，或干鸡粪 1.5～2 kg/株，结果树按每生产 1 kg 梨果施有机肥 1 kg 比例施用，并施少量的磷酸二铵肥。力争达到"斤果斤肥"。

土壤追肥：每年 3 次，第一次在萌芽前后，追施尿素每亩 20 kg，第二次在落花后每亩尿素 20 kg，硫酸钾 25 kg，第三次在果实膨大期每亩施硫酸钾肥 25 kg，其他时期应根据具体情况而定。

叶面喷肥：每年 4～5 次，一般生长前期 2 次，以氮肥为主；后期 2～3 次，以磷钾肥为主。可补施梨树生长发育所需的微量元素，常用肥料浓度：尿素 0.3%～0.5%，磷酸二氢钾 0.2%～0.3%。此外，根据生长结果情况，每亩配合施用过磷酸钙 15～20 kg、硫酸亚铁和硫酸锌各 3～5 kg，防止缺素症的产生。

（2）施肥方法　施有机肥在树冠投影范围内挖放射状沟或在树冠围挖环状沟，沟深 60～80 cm；撒施为将肥料均匀地撒于树冠下，并深翻 20 cm；施追肥在树冠下开沟，沟深 15～20 cm，追肥后及时灌水。

3．水分管理

（1）灌水和排水　根据北方地区春旱、秋旱和夏季雨水多的情况，总的灌水原则是春季灌水促进枝叶生长；5 月下旬至 6 月控制灌水，积累养分，促进花芽分化；7—8 月排水防涝；秋季灌水促进根系生长，防止叶片早衰，提高叶功能，加强营养积累和贮藏；落叶后灌封冻水保证梨树安全越冬。即在每次施肥后灌水基础上，花前或花后、果实膨大期应及时灌水，保证土壤水分的供应。雨季及时排水、秋季严格控水。

（2）灌水方法

地面浸灌：可将果园分为若干小区，引水浸灌。也可将水引入树盘内灌溉。

穴灌：在树冠外围挖几个穴坑，每穴灌入一定量水，然后封严。此法适于干旱地区灌溉。

喷灌和滴灌：效果很好，既能节约用水，又能节省劳力。

（四）整形修剪

1. 树形及整形

（1）纺锤形　干高 80～100 cm，有 1 个中心干，在中心干上直接着生 10～15 个主枝，向四周错落延伸，主枝间距为 20 cm 左右，主枝开张角度为 70°～90°，主枝长度小于株行距的 1/2，尽量避免树与树交接与交叉。在主枝上直接着生结果枝组，主枝在培养方法上没有一定模式，也可以看作是一个大型结果枝组。落头后树高控制在 3 m 左右。（参照寒富苹果树体结构）

于苗木栽植以后定干，高度 80～100 cm，剪口下要留 3～4 个饱满芽；1～3 年中心干的延长枝短截，每年剪留长度为 40～50 cm；4～5 年树体基本成形，中心干的延长枝可适当短截或不截。当主枝选留数量达到需要数量，上层主枝具有一定长势以后，可以落头，保持树冠高度 3 m 左右。上弱下强时选择强枝当头；上强下弱时选择弱枝当头。主干上着生的主枝要及时拉开角度，基本原则是保证中心干的绝对优势。

（2）扇形　干高 70 cm，株行距 1.0 m×5.0 m，主枝 8～10 个，主枝角度 60°～70°。树高 2.5～3.0 m，修剪以缓放、拉枝、疏除为主。

2. 修剪时期与作用

（1）生长季修剪

刻芽：对 1～4 年生树，萌芽前在中心干上选适当部位进行刻芽，促发分枝，以备选留主枝。

拉枝：拉枝时适当疏除过密新梢，对中庸新梢可在基部留 5～6 片叶剪除。采用此法，有 20% 的新梢可以当年形成花芽，并能控制背上枝徒长。

戴帽修剪：在 7 月中下旬，对主枝背上的直立中庸枝，在 1～2 年生交接处进行戴活帽短截，可控制其徒长并促使下部形成花芽。

环剥：对生长势过强的幼树结果树，采用主干、主枝环剥。环剥时间在 5 月 25 日至 6 月 10 日，环剥宽度为主干粗度的 1/10，割的深度达木质部。环剥后 25～28 天完全愈合。

除萌：抹去栽植当年主干上 20 cm 以下的萌蘖。第 2 年以后，除去主枝顶芽下面的侧芽，主枝基部的新梢，短枝已封顶的保留；除去中心干上过多的新梢，主枝背上过多的萌蘖。

（2）休眠期修剪　在未达到树高要求时,距中心干上最上分枝50~60 cm处短截中心干延长枝,疏除小主枝背上的短结果枝,并适度短截小主枝,并对直立枝按整形要求进行拉枝。

（五）花果管理

1.授粉

（1）花期放蜂　每10亩1箱蜂。

（2）人工辅助授粉　人工授粉。可采集雪花梨、白梨、棠梨、红梨、酥梨等的花粉,当红南果梨全树中心花有60%~70%开放时进行人工点授、液体授粉。

（3）保花、保果措施　采用冬季树盘覆盖延缓果园土壤解冻期的方法延迟花期,减少霜害的影响。

高接花枝:采用花期相遇、花粉量大的金香水、苹香梨、红金秋等梨品种嫁接,可有效提高坐果率和果品质量。

叶面喷肥:在开花前后叶面喷施0.2%~0.3%尿素液、0.3%磷酸二氢钾液或加有0.1%硼砂混合液,也能提高坐果率和果品质量。

在花期寒潮来临时采用熏烟的方法预防霜冻。

2.疏花疏果

（1）疏花　花蕾期至花期及早进行疏花为好,通常每隔20~25 cm间距保留一个花序,且每花序只保留2~3朵边花。

（2）疏果　当梨树结果过多时要注意疏果,疏果在花后2周进行。即落花后10~15天(在第二次落果以后)进行疏果,每30~40片叶留1个果,每个花序留1个果,每15~20 cm选方位好的留1个果。人工疏花疏果,使花序坐果率平均达到65%以上,优质果率达到85%。

3.果实套袋

选择抗风吹雨淋透气性强的外黄内白或外黄内黄的优质梨果专用大纸袋,防锈袋为蜡质白色优质专用纸袋。

套袋前必须全面喷布杀虫剂和杀菌剂,喷药3天后立即实施套袋。套袋时一手拿袋,另一手伸进袋内,并用手指将袋底撑开,将果实置于袋中,使果柄从袋口剪缝中穿过,折叠袋口,将捆扎丝反转90°扎紧,避免粉尘和微体害虫入侵为害。红南果梨不必摘袋,可带袋采收、装箱。

4.采收

根据成熟和果个情况不一致,进行分批采收。手握果实向上轻抬,连同果袋一起采下,轻轻放入周转箱等容器中,然后再进行摘袋,分级包装处理。

（六）病虫害防治

1.病害防治

梨黑星病：在开花前花序分离期和谢花 70%左右为防治梨黑星病的两个关键时期，各时期喷药 1 次，选择 50%甲基托布津可湿性粉剂 800 倍液、40%多锰锌可湿性粉剂 1 000 倍液、40%福星乳油 10 000 倍液等药剂交替使用，均取得较好的防治效果。

2.虫害防治

（1）梨大食心虫　在越冬幼虫转芽初期和转果期喷布 2.5%敌杀死乳油 1 500～2 000 倍液或 2.5%功夫乳油 3 000 倍液。

（2）梨木虱　抓住梨花芽膨大露白时，越冬成虫出蛰末期，尚未大量产卵时和落花 90%时，大部分若虫尚未分泌黏液时，喷 1.8%阿维菌素乳油 4 000 倍液或 10%吡虫啉可湿性粉剂 2 000 倍液进行防治。

（3）梨象鼻虫　在成虫出土期和产卵期，喷 20%速灭杀丁 1 500～2 000 倍或 2.5%溴氰菊酯乳油 1 500～2 000 倍液进行防治。

（4）梨二叉蚜　萌芽前（3 月中旬）喷布 5 波美度石硫合剂，铲除多种越冬的病虫源。花序分离期（4 月上旬）喷布 70%甲基托布津可混性粉剂 800 倍液，混加 10%吡虫啉可湿性粉剂 3 000 倍液，防治梨二叉蚜。

● **复习思考题**

一、选择题

1.梨树砧木有（　　）。

A.毛桃　　　　B.山桃　　　　C.山梨　　　　D.毛樱桃

2.下列树种中，具有混合花芽的树种有（　　）。

A.梨　　　B.杏　　　C.桃　　　D.樱桃

3.下列树种中，多采用各种开心形的树体结构的是（　　）。

A.梨　　　B.桃　　　C.苹果　　　D.山楂

4.下列花序类型中属于梨树花序的是（　　）。

A.伞房花序　　　B.圆锥花序　　　C.伞形花序　　　D.茉荑花序

二、判断题

1.直接着生在树干上的永久性骨干枝叫作主枝。（　　　）

2.果实套袋一般在疏果后进行，在当地主要蛀果害虫进果以前完成。（　　　）

3.果树在花芽分化盛期需水量最多。（　　）

4.萌芽力强的树种和品种,成枝力也强。(　　　)

三、问答题

1.比较红南果梨和寒富苹果开花的异同点。

2.简述红南果梨纺锤形基本结构特点及其整形修剪要点。

3.简述红南果梨生长季修剪要点。

4.说明红南果梨的追肥时期和施肥方法。

5.简述红南果梨的灌水原则。

6.简述红南果梨疏花疏果的方法。

7.简述红南果梨套袋技术要点。

8.怎样防治红南果梨黑星病?

9.说出红南果梨的主要虫害种类,并提出有效的防治措施。

任务五　大果榛子生产

【知识目标】

　　了解大果榛子的形态特征和结果习性、榛子园的规划设计。掌握施肥时期、施肥方法和施肥量、培育技术要点及操作方法。熟悉灌水时期、灌水方法和灌水量、整形、修剪的基本原理。

【能力目标】

　　能指导大果榛子园的建立及生产管理;能解决大果榛子整形修剪中存在的主要问题;有效防治主要病虫害。

【知识准备】

　　1.大果榛子的来源

　　平欧杂交大果榛子是 20 世纪 80 年代末,辽宁经济林研究所以梁维坚教授为主的科研人员将我国北方野生榛子与欧洲大果榛子进行种间远缘杂交选育的榛子新品种,它具有野生平榛抗寒、抗病、产量高、味香等优点和欧洲榛果个大、果型美观、薄皮、大仁、丰产、无大小年等优点。

　　2.大果杂交榛子品种

　　辽宁省经济林研究所利用欧洲榛子与辽宁乡土树种平榛杂交选育的大果杂交

榛子有金铃、玉坠、薄壳红、平顶黄、达维5个新品种,已在我国长江以北地区得到推广。

3.大果杂交榛子对水分和土壤要求

加强幼树期对水的管理,定植当年幼苗,确保土壤湿度,提高成活率。灌水次数视墒情而定,一般每年可灌水3~4次,落叶后上冻前,要浇封冻水,防止冬季干旱和土壤水分蒸发。

4.大果榛子树形及修剪原则

根据榛子的生长特点,生产上可采取单干形、丛状形等树形。幼树修剪总的原则是:轻剪适当短截,促枝扩冠,增加枝组的数量,扩大树冠,培育树形。

【学习内容】

一、形态特征

(一)根系

杂交榛子是浅根系树种,无主根,侧根发达,须根细长而密,根系分布在5~40 cm土壤中,最深可达60~80 cm,甚至1 m。根系易生成不定芽,形成根蘖多丛状(图5-68)。

图5-68 根系结构纵剖面

（二）芽、叶、枝

1.芽

分为叶芽、花芽、基生芽和不定芽。叶芽萌发可形成营养枝和结果母枝。花芽为混合芽，着生在结果母枝中上部，花芽先开可萌发结果枝并结果，没有坐果则形成营养枝。基生芽生长在丛生枝基部，茎与根交界处，可萌发成基生枝。不定芽是着生在根状茎上萌发成根蘖。

2.枝

分为营养枝、结果母枝、结果枝（图 5-69）、基生枝。1 年生枝只有叶芽，没有花芽的叫营养枝；有花芽和叶芽的叫结果母枝，花芽萌发形成的结果枝顶部有果序。由树基部丛生萌发形成基生枝，使树体形成灌丛。

3.叶

萌芽以后，随着新梢生长，叶片依次展开并迅速长大。

（三）花、果

1.花

杂交大果榛子雌、雄同株单性花，先开花后展叶。雄花为柔荑花序，2～9 个排成总状，着生于新梢中上部叶腋间，雄花序呈圆柱形，其上着生许多小花，花粉黄色，以风传媒。雌花为头状花序，生于 1 年生枝中上部和顶端的混合芽中，开花时，在花芽顶端伸出一束柱头，鲜红色或粉红色，授粉后柱头变黑并枯萎（图 5-70）。

图 5-69　榛树结果枝状态
1.新生枝　2.芽　3.未开放雄花序

图 5-70　榛子花（左雌花，右雄花）

2.果

杂交榛子初果期以壮枝形成花芽,多在壮枝中、上部和顶端形成花芽开花结实。随着树龄增加,树体旺盛结果母枝减少,而增加短枝结果母枝。雌花为混合芽,开放后可形成结果枝,在结果枝顶端有果序,开花、结果到果实成熟(图 5-71)。

图 5-71 榛子果

二、生产操作流程

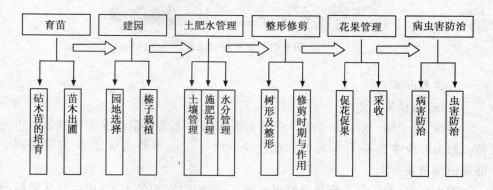

三、生产操作要点

(一)育苗

1.苗木的培育

采用绿枝直立压条。通常当母树达到 3 年生时开始压条。

春季萌芽前首先对母株进行修剪(留一个主枝轻剪),然后把基部的残留枝从地面处全部剪掉,最后萌生枝及根蘖枝生长期间的管理——及时浇水,追施化肥1次,促进其生长。

压条方法,先把基部距地面20～25 cm高的叶片摘除,用细软铁丝在1～5 cm处横缢,于横缢处以上15 cm高范围涂抹生长素,然后把母株基生枝用油毡纸围起来,做成1个圆筒状,筒高20～25 cm,中间填充湿木屑,木屑保持湿润。待秋季落叶时于基部剪断,即可形成独立的苗木(图5-72)。每个母株可繁殖20～30株苗(3年生每个母株可繁殖8～10株苗;4年生每个母株繁殖15～20株苗;5年生每个母株可繁殖20～30株苗;7～8年生每个母株可繁殖50～100株苗)。

图 5-72   榛子垂直压条

2. 苗木出圃

(1)起苗和苗木分级

起苗:榛子树一般在秋季苗木落叶后至土壤解冻前起苗。榛子树多数人工起苗。起苗时应注意主根、侧根的长度最少保留20 cm,不能伤根过多,同时保证全部须根保留在苗木上。

苗木分级:挖出苗木要尽量避风日晒,及时根据苗木的大小、质量好坏进行分级。分级时注意,剪除不充实、病虫危害部分及根系受伤部分。

合格苗木的基本要求:苗干高为80 cm以上,木质化根系5条以上,苗茎粗度0.5 cm以上,没有机械损伤的苗(表5-7)。

表 5-7　合格苗木

苗木种类	级别	规格				整形带饱满芽
		苗径/cm		根系		
		径高	基径	侧根长度/cm	木质化根/个	
压条苗	1	60 以上	0.8 以上	20 以上	10 以上	5 个以上
	2	45 以上	0.6 以上	15 以上	7 以上	

　　(2)苗木假植贮藏　室外地沟贮藏,在苗圃地附近,选避风、干燥、排水良好的地方挖假植沟,沟宽1 m,深80～100 cm,沟长根据苗数量而定,最好南北延长开沟。苗木根向下,苗顶部向上,苗顶部向南倾斜放入假植沟中,放一层苗木,培一层干净的湿河沙。刚起苗时,苗木培沙高度应是苗木高度的2/3,当空气温度下降至0℃以下,土壤结冻前,将苗木全部用湿沙埋上,最上层用湿土盖一层,厚度约10 cm(图5-73)。

图 5-73　苗木假植

　　(3)包装和运输　苗木包装,苗木以50或100株为1捆,绑好,外用塑料袋密封,塑料袋内根部装少量湿木屑,增加袋内湿度,或苗木根系蘸保水剂或蘸泥浆保持根系水分。塑料袋外用编织袋或麻袋包紧。袋口挂好标签,标明品种、数量、等级、起运时间(图5-74)。

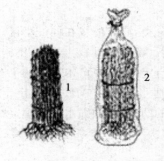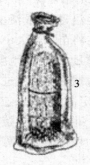

图 5-74　苗木包装示意图
1.捆绑　2.套袋密封　3.外套编织袋

（二）建园

1. 园地选择

榛园要选择地势较缓的山坡地（坡度 15°以下），平地、沙地。洼地，地下水位高，土壤黏重地不宜建园。

一般在秋末冬初即土壤封冻前，深翻改土，改善土壤结构，更重要的是捣毁病虫害场所。

2. 栽植

（1）品种选择　以早果、丰产、抗寒性强的品种。如 82-11、84-226、81-21、达维 84-254、薄壳红 82-4 等。

（2）授粉树配置　榛树为异花授粉植物，目前尚未选出固定的授粉品种。因此品种间可以互为授粉树。建园时，每个园地或小区应选择 3～4 个主栽品种，相间栽植花期相同或相似的其他品种。一般主栽品种 4～5 行，授粉品种栽 1 行，即可满足授粉要求。

（3）栽植技术

栽植密度：生产上常用的株行距为 2 m×3 m（110 株/亩），3 m×3 m（74 株/亩），树龄大后可以在行间伐或移植变成 4 m×3 m（55 株/亩）。

栽植时期：北方可春秋栽。秋栽在落叶后至封冻前；春栽在发芽前 20～30 天为宜（在辽宁 4 月初至 4 月中旬）。前一年秋季，按株行距挖好深 60 cm 宽 80 cm 的定植穴。

栽植方法：栽植前苗木根系先用生根粉水浸泡 2 h。栽时将苗放在穴正中，将根系舒展开，轻提苗木使根系与土壤密接，边覆土边踩实，不透风。栽植深度，不超过苗木地径处 3～4 cm，不能深栽。栽后在苗木周围做土埂，浇透水，而后覆地膜，防止水分蒸发，增加地温，提高成活率。

栽植时注意事项：将苗木按大小分类，同类的栽在同一小区。栽植坑大小要适宜，要求一次性将水灌足，并覆盖地膜。新建园可栽 4～5 个不同品种，互相授粉。

栽后管理：栽后根据苗木高度进行定干，剪掉苗木高度的 1/3 左右，根系好、苗木成熟度好的可适当定高些；反之应适当矮些。单干树形，定干高度 20～40 cm，要保留饱满芽 2～4 个芽。当年定植的幼苗，要加强水肥管理，秋季落叶后，要进行培土防寒，增土高度为植株 1/2 即可，次年撤去防寒土，一般第二年就不用培土防寒。

（三）土肥水管理

1. 土壤管理

主要包括中耕除草、深翻扩穴、刨树盘，压绿肥等。幼树期间，可间作矮棵作物（如豆类、花生等）。对榛树每年进行中耕除草松土 3～4 次，做到无杂草。深翻扩穴、刨树盘是重要的土壤管理措施，春、夏季进行，刨深 5～10 cm，距树干基部里浅外深，将盘内根蘖和杂草全部除掉，促进根系向土壤伸展。秋季结合施农家肥，深翻扩穴。

2. 施肥管理

（1）施肥时期及施肥量

秋施肥：以施腐熟农家肥为主，一般在 9—10 月进行，以树龄确定施肥量，一般一株施肥 20～25 kg，结果期树要增加施肥量。

生长季节施肥：以施化肥即多元复合肥（氮、磷、钾）为主。多元复合肥，施肥时间，第 1 次 4 月初，第 2 次 6 月下旬，要结合浇水。施肥量，幼树（4 年生以内），株施 150～400 g，树龄大增加施肥量。第 3 次在 7 月上中旬，此时追肥对果实生长发育、花芽分化、枝条木质化极为重要，结合农家肥，每株使用 1.5 kg 的速效化肥。

（2）施肥方法　环状施肥，距树干一定距离均匀撒肥，深 5～10 cm，后覆土。放射沟施肥，距树干一定距离挖放射状沟，沟宽 20～30 cm，深 10～15 cm。注意，沟不宜过深，以免伤根，距树干有一定距离，均匀撒肥，然后覆土浇水。

3. 水分管理

（1）灌水（图 5-75）　早春 3—4 月，浇灌根水，促进地下根系活动，保持与地上部分植株水的动态平衡。

5 月下旬至 6 月上旬，幼果膨大期浇水，即幼果膨大和新梢生长旺盛期的这次灌水，可促进幼果膨大，是保证当年产量的关键。

7 月底 8 月初，新梢缓慢生长期，即适当控制灌水，以促进新梢的木质化和苗木的安全越冬。

土壤封冻前灌 1 次水，提高苗木的抗寒能力和吸水性。当年定植的 1 年生榛子苗，冬灌后，应及时对苗木基部培土，高度约 20 cm。

（2）排水　7—8 月雨季低洼易涝地下水位高的榛园要注意及时排水。

（四）整形修剪

1. 树形及整形

（1）丛状形　无明显主干，保留 3～4 个主枝，主枝上有侧枝，侧枝上着生营养枝、结果母枝、结果枝，树体呈丛状自然开心形，树高 2.5～3 m（图 5-76）。

图 5-75 榛园灌水方法

图 5-76 丛状形树体结构

第 1 年定植苗,重剪高度为 20~30 cm,在不同方位选留 3~4 个作为主枝;第 2 年对选留的 2~3 侧枝轻短截;第 3 年继续短截已选留的主侧枝的延长枝,形成开心形树冠。内膛枝不修剪;第 4 年继续短截各侧枝的延长枝,促进树冠继续扩大(图 5-77)。

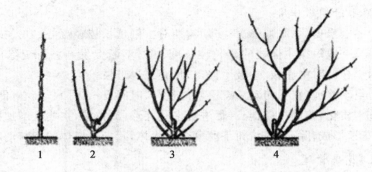

图 5-77 整形过程
1.一年生定干 2.二年生选留主枝(春季) 3.二年生整形修剪(秋季)
4.三年生树形完成修剪(保留结果枝)

(2)单干形 有一个主干,干高 40～50 cm,在主干上分布 3～4 个主枝,方位不同错开。主枝上留侧枝,侧枝上着生长副侧枝和结果母枝,形成矮干自然开心形,树高 3～4 m(图 5-78)。

图 5-78 单干形树体结构

第 1 年栽后定干,干高 50～60 cm;第 2 年在主干上,选留不同方向主枝 3～4 个,对每个主枝进行轻短截,剪枝条长度 1/3,剪口留饱满外芽;第 3 年在每个主枝上,选留 2～3 个侧枝,进行轻短截。对主枝延长枝也进行轻短截,使其倾向上方生长,内膛枝不能剪;第 4 年继续对各层主侧枝的延长枝短截,扩大树冠。

2.修剪时期与作用

(1)冬季修剪(休眠期修剪) 幼树期对主侧延长枝轻短截,剪去枝条长度1/3。盛果期树,一般短截主侧枝的延长枝长度1/3,不断促发新枝。疏除内膛枝,病虫枝、极弱小枝。对中庸枝、短枝不修剪,培育结果母枝。

(2)夏季修剪(在芽萌动后至落叶前进行,时间5—7月) 摘心,能调节营养生长,促进木质化,控制枝条徒长,促进更多花芽形成;拉枝,主要是增加树冠光照,促进更多花芽形成;除萌蘖,将树下萌蘖全部除掉,减少对树体的营养消耗。

(五)花果管理

1.促花保果

(1)加强榛园管理 除去过多的雄花,疏除无效枝、徒长枝及基部萌蘖枝,提高结果母枝营养水平,提高坐果率。

(2)人工授粉 授粉时,将花粉用气门芯和毛笔等做授粉器,蘸后,点在雌花柱头上,效果好。

(3)施肥 在果实膨大期和种仁发育初期施1次复合肥。

2.采收

(1)采收时期 充分成熟的果实要分期采收,一般在8月中下旬,果苞基部呈现黄褐色,果壳由白变黄,果苞里的坚果一碰即落就开始采收。

(2)采收方法 果苞自然脱落到地上,每天去捡拾。采摘坚果,尽量不要折枝或碰伤枝条,以免影响明年结果。振荡大枝,使成熟的果苞落地,再捡拾。

3.贮藏

对果苞进行晾晒,厚度20 cm以下,多次翻动,6~8天后,经脱苞、除杂后果实贮藏。

(六)病虫害防治

1.病害防治

(1)白粉病

人工防治:在5月上旬至6月上旬,剪除病枝病叶,减少侵染源。

药剂防治:在发病期连喷4~5次50%多菌灵可湿性粉剂或50%甲基托布津可湿性粉剂0.1%溶液,效果较好。

(2)果柄枯萎病

人工防治:发病期在6月上旬,如发现受害果实,要连同果柄一起摘除,带出果园或者深埋,减少侵染源。

药剂防治:在发病期用50%多菌灵可湿性粉剂800倍液、65%代森锌可湿性粉剂600倍液防治。

2.榛实象鼻虫

人工防治:在幼虫未脱果前采摘坚果,然后集中堆放在干净的水泥地面或木板上,幼虫脱果后集中消灭。

药剂防治:在成虫产卵前及产卵初期,即5月中旬到7月上旬,用37%杀虫宝乳油 800～1 000 倍液、40%杀虫蜱乳油 1 000 倍液或 20%雅克(桃小灵)乳油 1 000 倍液,对榛园进行全面处理,共喷洒 2～3 次,间隔时间 15 天。

● 复习思考题

一、填空题

1.梨树花序为( ),苹果花序为( ),葡萄花序为( ),大果榛子雌花序为( )。

2.大果榛子雌花序为( ),雄花序为( )。

3.大果榛子芽由( )、( )、( )、( )组成。

4.大果榛子枝分为( )、( )、( )、( )。

5.大果榛子园土壤管理的方法有( )、( )、( )、( )。

二、名词解释

结果母枝 基生枝 基生芽 不定芽

三、问答题

1.简述大果榛子单干形树形的基本结构及其整形修剪要点。

2.简述大果榛子丛状形树形的基本结构及其整形修剪要点。

3.简述大果榛子树休眠期修剪要点。

4.大果榛子树生长季修剪都包括哪些内容?

5.大果榛子树的土壤管理包括哪些内容?

6.大果榛子的合格苗木应具备哪些要求?

7.简述大果榛子苗木假植贮藏方法。

8.简述大果榛子灌水要点。

9.如何防治大果榛子的白粉病?

10.如何防治大果榛子的榛实象鼻虫?

11.简述大果榛子的保花措施。

12.简述大果榛子定植后管理。

● **参考文献**

[1] 严大义,等.葡萄生产关键技术百问百答.北京:中国农业出版社,2004.

[2] 赵常青,等.现代设施葡萄栽培.北京:中国农业出版社,2011.

[3] 张开春.果树育苗关键技术百问百答.北京:中国农业出版社,2005.

[4] 李怀玉,等.苹果抗寒新品种及寒地丰产技术.北京:中国农业出版社,1996.

[5] 李怀玉.寒富苹果.北京:中国农业出版社,2009.

[6] 刘长远.草莓膜下滴灌节水栽培技术.沈阳:辽宁科学技术出版社,2012.

[7] 黄国辉.草莓高产优质栽培.沈阳:辽宁科学技术出版社,2010.

[8] 刘威生.果树节水灌溉栽培技术.沈阳:辽宁科学技术出版社,2012.

[9] 赵文东、孙凌俊.葡萄高产优质栽培.沈阳:辽宁科学技术出版社,2010.

[10] 汪晶,等.林果生产技术.北京:高等教育出版社,2002.

[11] 汪景彦,等.苹果树合理整形修剪图集.北京:金盾出版社,1993.

[12] 吴禄平.实用果树修剪及主要栽培技术.沈阳:沈阳农业大学园艺系编印,1993.

[13] 许生.葡萄栽培技术图解.沈阳:辽宁科学技术出版社,1984.